普 通 高 等 教 育 教 材

浙江省普通本科高校"十四五"重点立项建设教材

现代食品分析
实验指导

冯思敏　邵　平　主编

化学工业出版社

·北京·

内 容 简 介

本书以食品分析为基础，按照高校食品类专业教学实验及食品第三方检测机构现行检测项目进行设计。全书共八章，主要为：样品的全自动采集、食品感官分析与物理性检验、食品常规成分分析、食品品质检测指标的分析、食品中功效组分的分析、食品中添加剂含量的分析、食品中有害成分的定量检测、食品中非法添加物的快速检测。本书涵盖了传统理化分析和现代大型仪器分析项目，并对自动化、快速检测这类检测技术进行了应用介绍和实验设计，与食品工业中最新的分析检测技术相衔接，符合食品检验检测行业发展的需求。

本书主要作为高等院校食品科学与工程、食品质量与安全、食品营养与健康、粮食工程等专业的本科生、研究生教材，同时也供从事食品检测及相关领域的科技工作者、分析技术人员学习参考。

图书在版编目（CIP）数据

现代食品分析实验指导 / 冯思敏，邵平主编 . — 北京 ：化学工业出版社，2024.3
ISBN 978-7-122-44557-5

Ⅰ.①现⋯ Ⅱ.①冯⋯ ②邵⋯ Ⅲ.①食品分析-实验-高等学校-教材 Ⅳ.①TS207.3-33

中国国家版本馆 CIP 数据核字（2023）第 232971 号

责任编辑：王　芳　　　　　　文字编辑：药欣荣
责任校对：李　爽　　　　　　装帧设计：关　飞

出版发行：化学工业出版社
　　　　　（北京市东城区青年湖南街 13 号　邮政编码 100011）
印　　装：三河市延风印装有限公司
787mm×1092mm　1/16　印张 13¾　字数 310 千字
2024 年 7 月北京第 1 版第 1 次印刷

购书咨询：010-64518888　　　　　售后服务：010-64518899
网　　址：http://www.cip.com.cn
凡购买本书，如有缺损质量问题，本社销售中心负责调换。

定　　价：40.00 元

编写人员名单

主　　编　冯思敏（浙江工业大学）
　　　　　邵　平（浙江工业大学）

副 主 编　赵丽燕（浙江华才检测技术有限公司）
　　　　　王　龑（浙江工业大学）

参编人员（按姓名汉语拼音排序）
　　　　　陈　伟（浙江万里学院）
　　　　　何荣军（浙江工业大学）
　　　　　陆柏益（浙江大学）

主　　审　何晋浙（浙江工业大学）

前言

伴随着食品工业的快速发展，食品检测技术逐渐向智能化、自动化、快速检测分析方向发展。为适应现代食品分析技术的迭代升级，《现代食品分析实验指导》在传统理化分析和现代大型仪器分析实验项目的基础上，针对样品的全自动采集、食品中有害成分的定量检测、食品中非法添加物的快速检测等内容设置了相应实验，着重体现当代的新型技术，符合时代发展需求。

本书以教育部专业教学指导委员会制定的培养方案为指导，以我国现行有效的国家标准为基础，围绕食品分析基础知识，针对食品常见的组成成分、食品添加剂、有害成分以及功效成分黄酮、多酚、多糖等进行检测分析。涉及的现代分析检测技术包括：液相色谱（HPLC）、气相色谱（GC）、气质联用（GC-MS）、液质联用（LC-MS）、原子吸收光谱（AAS）、原子荧光光谱（AFS）等。此外，针对全自动采集和非法添加物的快速检测等行业检测前沿技术，进行了应用介绍和实验设计。

"食品分析实验"是食品科学与工程、食品质量与安全等专业学生的重要专业基础课程之一，是建立在食品分析化学和现代仪器分析基础上的一门实践性很强的综合性课程。为提高学生的自学能力和综合实验技能，本教材以二维码链接的形式配套了相关资源，对实验操作的关键步骤、仪器具体操作规范等内容予以展现，同时较好地解决了部分现有教材内容呈现形式单一，部分章节内容设置不合理，部分现代食品分析技术讲解抽象、学生理解难等问题，提高了教材的教学效果。

本书编写工作的分工如下：第一章由赵丽燕完成，第二章由赵丽燕、何荣军完成，第三章由王龑、邵平完成，第四章由王龑、陈伟完成，第五章、第六章由冯思敏完成，第七章由赵丽燕、王龑完成，第八章由赵丽燕、陆柏益完成。本书由何晋浙任主审，由冯思敏和邵平完成校订、统稿。感谢编写人员以及化学工业出版社在编写与出版过程中所付出的努力！感谢浙江省普通本科高校"十四五"教学改革项目（项目编号 jg20220086）、浙江工业大学研究生教材建设项目（项目编号 20230102）、浙江工业大学教学改革项目（项目编号 JG2022019）等项目的资助，这些项目的支持为本书的编写提供了重要的经费保障。

由于编者水平有限，书中难免有不足之处，望读者提出宝贵的意见，以便再版时补充修正。

编者
2023 年 11 月于杭州

目录

附　录　/　208

参考文献　/　210

第一章
样品的全自动采集

实验一 全自动固相萃取仪的使用

一、全自动固相萃取仪简介

全自动固相萃取仪是一套由液体处理平台衍生开发出的能够在无人值守情况下自动化运行固相萃取方法的固相萃取仪。其包括固相萃取的活化、上样、清洗、洗脱步骤，以及样品的切换。

一套成熟的自动固相萃取仪应该满足自动化、模块化、经济化、平行化、功能化、扩展化、可靠化这几个特点。

（1）自动化 一套完善的自动化固相萃取系统可以真正在无人值守的情况下完成固相萃取方法的应用。有些固相萃取仪仅仅能完成部分固相萃取的步骤，不能称为自动化固相萃取仪。

（2）模块化 可以根据不同用户的应用切换不同的模块，完成不同固相萃取方法的应用，如双柱叠加。

（3）经济化 一套成熟的全自动固相萃取仪应该给客户提供经济化的后期使用体验，包括试剂、耗材如 SPE 小柱的选择。应该可以兼容市场主流 SPE 小柱供应商的产品。

（4）平行化 使用自动化固相萃取系统的客户往往希望能够平行处理，也就是同时处理多个样品，这种对平行化的要求可以体现在固相萃取的每个步骤，包括小柱活化、上样、清洗、洗脱。

（5）功能化 越来越多的实验室会针对各类样品进行前处理，包括食品、药品、农业、环境等相关领域。

（6）扩展化 扩展性是从软件和硬件上。从软件上，拥有一个比较开放、自由的控制软件能够给客户的应用方案提供更多的可行性。从硬件上，实验室拥有品目繁多的各类实验用试管及容器，一套成熟的自动固相萃取仪应该能够给用户自定义管架的功能。

（7）可靠化　自动化的仪器最重要的特质就是稳定、可靠。

二、全自动固相萃取仪分类

（1）按用途可分为　小体积样品全自动固相萃取仪和大体积样品全自动固相萃取仪。

小体积样品指食品、药品、血液等样品，体积量一般在 50mL 以下；而大体积样品主要指水样，一般是 200mL 以上。

（2）按原理可分为　柱萃取和膜萃取全自动固相萃取仪。

膜萃取主要是为大体积水样而设计的。膜萃取速度快是其优点，而且不容易堵塞，但是单个样品的处理成本较柱萃取高。

（3）按通道可分为　单通道和多通道固相萃取仪。

通常通道数量越多，在处理大批量样品时，就可以节约更多的时间，特别是上样的时间。

三、全自动固相萃取仪实例应用

Fotector 系列全自动固相萃取仪（图 1-1）是一款对样品具有富集或者净化功能的全自动仪器，通过注射泵对样品施加正压使样品能够通过固相萃取柱，并且通过双 XY 轴来选择样品达到批量处理的目的，其优越的性能使得我们能够高效、准确、快速地完成富集/净化这一步骤。

图 1-1　Fotector 系列全自动固相萃取仪

1. 全自动固相萃取仪 FS360 操作步骤

（1）开机　仪器使用时按下列顺序依次接通电源：总电源→仪器电源→显示器→电脑

主机。

（2）电脑连接 找到该仪器对应的 Wi-Fi，连接该 Wi-Fi。

（3）进入工作站 双击快捷图标，进入全自动固相萃取仪工作站，选择"设置"进行参数编辑，然后选择"方法"进行方法编辑，最后选择"序列"进行运行序列的编辑，之后点击"启动"按键，跳转到联机界面，点击"运行"按键开始实验。若使用已有方法时，直接选择"序列"，进行运行序列的编辑，调用已有方法，点击"启动""运行"直接开始实验。

（4）参数编辑

① 点击"设置"按键。

② 在"样品架""收集架"位置按照实际情况，选择不同容量的样品架、收集架（FS360 型号无需选择）。

③ 在"溶剂"位置，设置实验所需溶剂，并在"选择"栏将所选试剂打钩。

④ 在"默认路径"位置确认"方法默认路径"与"序列默认路径"的存储位置。

⑤ 在"短信模块"选择是否需要启动。

（5）方法编辑

① 点击"方法"按键。

② 点击"新建"图标，进行一个新的方法编辑。

③ 点击"打开"图标，调用一个已有的方法进行修改。

④ 在右边的溶剂选择模块中，单击"名称"栏空白处，在下拉菜单中选择所需溶剂，选择对应的"泵速速度（mL/min）"（二氯甲烷、异丙醇为 10，其他溶剂为 40），并在仪器对应的"溶剂编号"内装入该溶剂。

⑤ 在左边的方法编辑模块中，若表格的单元格显示为灰色，则为系统默认参数，无需输入。

⑥ 在"命令"栏选择固相萃取的步骤。

⑦ 在"溶剂"栏选择该步骤所需的溶剂。

⑧ 在"排出"栏选择该步骤排放到"有机废液""特殊废液""废水"还是"收集"。

⑨ 在"流速（mL/min）"栏内输入该步骤的流速。

⑩ 在"体积（mL）"栏输入该步骤所需的溶剂体积。

⑪ 在"时间（min）"处输入该步骤运行时间（除"吹干"与"暂停"两个步骤外，其他步骤的时间不需要手动输入）。

⑫ 点击"保存"图标或"另存"图标，保存编辑完成的方法。

（6）序列编辑

① 点击"序列"按键，进入序列编辑。

② 点击"新建"，新建一个运行序列。

③ 点击"打开"，打开一个运行序列。

④ 在样品选择区，根据实际样品位置一一对应，选择该界面中的样品位置。

⑤ 在方法关联区中选择任务，并且点击"选中任务"进行确认。

a."方法"栏表示需要运行的方法，点击空白处在下拉菜单中选择需运行方法；

b. 在"起始行"与"结束行"处输入所选序列的序号，若序列选第 1 行，则"起始位置"输入"1"，"结束位置"输入"1"。

⑥ 在右上方勾选"免疫亲和柱"选项，选择运行免疫亲和柱模式，并且在"柱塞杆移动距离（cm）"输入柱塞杆插入深度（一般在 2.5～4.5cm）；若运行 SPE 柱模式，则不勾选"免疫亲和柱"选项。

⑦ 在右上方选择"多方法"或"单方法"运行方法。

⑧ 在上样参数区选择通道参数，并且点击"选中配置"进行任务确认，在"泵吸速度（mL/min）"栏，确认吸取样品速度；在"填充体积（mL）"栏，确认样品填充的体积；在"样品架"与"收集架"栏，确认样品架与收集架规格。

⑨ 点击"保存"或"另存"保存序列。

⑩ 点击"启动"进入运行界面。

⑪ 在"剩余体积（mL）"处输入溶剂瓶中溶剂体积。

⑫ 在"报警体积（mL）"处输入报警体积。

⑬ 点击"选中溶剂"栏，将所需溶剂选中，检查无误后，点击"运行"按钮。

⑭ 在运行过程中需要停止，则点击"停止"，此时无法再继续运行；再点击"复位"，则可继续运行。

⑮ 在运行过程中出现 Wi-Fi 断开，则点击"联机"，重新连接仪器。

2. 全自动固相萃取仪 FS360 应用

（1）食用油、大豆油中的黄曲霉毒素检测

① 样品前处理　准确称取 5.0g 样品于 50mL 离心管中，加入 1.0～2.0g 氯化钠及 20mL 甲醇-水溶液（7∶3），均质 2min 后，离心 5min（转速 3800r/min）。取下层提取液（上下层视具体油脂样品而定）定性滤纸过滤，准确移取滤液 4～80mL 于玻璃上样管，加入 40mL PBS 缓冲溶液稀释，待用。

② 固相萃取净化条件　以 3mL/min 速度精确上样 46mL 待测液，5mL PBS 缓冲溶液润洗样品瓶，5mL 水淋洗，"气推"命令用来吹干免疫亲和柱（Romer 3mL，黄曲霉毒素专用柱），体积设为 50mL，推速为 160mL/min，用 0.7mL 的甲醇，以 5mL/min 的速度洗脱样品之后再用 0.7mL 的去离子水快速洗脱，收集结束后用去离子水定容至 2mL，备用。

（2）肉制品中 16 种沙星和 18 种磺胺残留检测

① 样品前处理　准确称取搅碎后的动物源样品 5.0g 于 50mL 离心瓶中，加入 2.0g 无水硫酸，加入 20mL 乙腈进行提取，均质 1.0min，3800r/min 离心 5min，重复一次。取上清液于 50mL 离心管中，加入 15mL 正己烷，振摇 20 次，静置，取下层乙腈溶液，重复一次。将所得乙腈溶液于全自动浓缩仪上浓缩至近干（30℃，5psi❶），加入 10mL 的 Na$_2$EDTA（0.1mol/L）-McIlvaine（0.1mol/L）缓冲溶液（pH＝4.0）摇匀备用。

② 固相萃取净化条件　分别以 5mL 甲醇和 5mL 甲酸水溶液（pH＝4.0）活化 HLB

---

❶ 1psi＝6894.757Pa。

（Oasis，500mg/6mL）后，将上述的样品溶液以 3mL/min 的速度进行上样，并用 3mL 的甲酸水溶液（pH＝4.0）溶液清洗样品瓶。以 20％的甲醇甲酸水溶液（pH＝4.0）对固相萃取柱进行淋洗除去残留的无机盐和残留基质。在 20psi 的氮气流下吹干 HLB 柱，最后以 10mL 的甲醇洗脱目标化合物。将所得洗脱液在浓缩仪上进行吹干，氮气压力为 5psi，温度为 30℃，浓缩至近干，加入 10％乙腈水溶液（含 0.1％甲酸）定容至 1mL，上机测试。

实验二　全自动平行浓缩仪的使用

一、全自动平行浓缩仪介绍

通过水浴加热及利用氮气的快速流动打破液体上空的气液平衡，从而使液体挥发速度加快，达到快速浓缩溶剂的效果。EXPEC 520 具有处理样品批量大、无需人员看守、环保、安全等特点，能提高实验室人员效率，减少氮气损耗，节约实验室成本，而且更大限度地减轻了有毒有害溶剂对实验人员的伤害，是实验室必备的样品前处理装置。

二、全自动平行浓缩仪优势

（1）高通量，高效率，兼容性强　可同时将 60 个样品进行浓缩，同时可兼 36 位样品架，最多可拓展到 80 位，进行不同应用领域的样品浓缩，满足客户多种需求。

（2）可视性强　浓缩腔三面透明，试管底部无遮挡物，运行时带 LED 灯可对样品底部的浓缩状态进行判断，便于实验人员快速查看样品浓缩情况，避免样品过度浓缩带来损失。

（3）准确、智能　提供便捷的人机交互功能，界面操作简单方便，软件界面一键操作加排水，无需人工更换。

（4）安全防护到位　采用全封闭式水浴箱，内置排风扇，设计排风管路，减少溶剂暴露风险。

三、全自动平行浓缩仪实例应用

Auto EVA 系列全自动平行浓缩仪（图 1-2）是睿科集团一款可在无人值守的情况下自动对大批量样品同时进行快速、平行浓缩的浓缩仪，它是利用水浴加热和氮吹共同作用对样品进行浓缩，运行过程中，用户可通过手机、平板电脑等设备实时监控浓缩状态，令烦琐的浓缩过程变得简单、方便。型号包括：Auto EVA-20L、Auto EVA-30plus、Auto EVA-series 等。

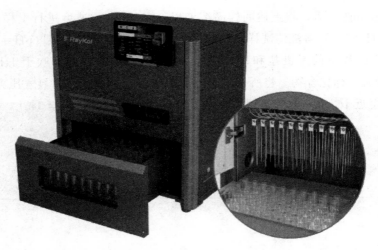

图 1-2　全自动平行浓缩仪

1. 全自动平行浓缩仪 Auto EVA-60 操作前准备

（1）开机　仪器使用时请在仪器右侧打开电源，并接上氮气。

（2）控制连接　平板电脑上找到该仪器对应的 Wi-Fi，连接仪器的 Wi-Fi。

（3）进入工作站　双击快捷图标 Auto EVA，进入浓缩仪 Auto EVA 工作站。

2. 参数编辑

设定试管最大体积及试管架类型，输入溶剂种类及需要浓缩的体积量，设定气压为 5psi，浓缩温度根据实际需要的温度进行设定，最后进行方法保存。

空白输入框：轻触此处可以输入想保存的方法名称，单击"保存"就会以此名称进行保存。

设备名：轻触此处可以选择所需要的设备，当需要控制多台 EVA 时会用到此项。

试管最大体积（mL）：轻触此处可以选择试管最大体积。

试管架类型：有三种可选试管架类型。

a. 试管架（底架低位）；

b. 试管架（底架高位）；

c. 红外浓缩架（当工作模式选择红外浓缩时必须选择此试管架，只有安装了红外定容模块才可选）。

溶剂：设置溶剂名称。

浓缩体积（mL）：轻触此处设置溶剂体积。

气压（psi）：设置浓缩时的气压值。

浓缩温度（℃）：设置需要浓缩的样品温度。

针追随速度（mm/min）：针在浓缩过程中的移动速度。

吹针起始修正值参数（mm）：设置修正值。

浓缩时间（min）：设置浓缩的总时间。

（1）浓缩模式

① 倒计时浓缩：由时间控制浓缩过程；

② 红外浓缩：由传感器检测到浓缩点为准（该模式只有安装了红外定容模块的仪器才可选）；

③ 手动浓缩：针不追随，由人工判断。

（2）氮吹速率控制　针追随速度为氮吹针的下降速度，如为第一次实验，请将其设定为0.2mm/min，后续进行实验优化；氮吹针修正参数为氮吹针初始下降距离，请客户根据样品的量，进行适当设定。

（3）工作模式　具有多种工作模式，常用模式为自动模式和手动模式。

① 自动模式：氮吹针可根据客户设定的追随速度自动下降。

② 手动模式：仪器氮吹针不再自动下降，其可通过微调进行控制。

（4）运行界面

① 进入下一级的运行界面，点击"开始"按钮进入实验，若氮吹针高度过高或过近，可点击上下微调按钮进行调整。

② 确认氮吹针高度合适后，点击相应的通道即开启该通道氮吹。

③ 运行期间可选择关闭水浴槽中 LED 灯。

④ 运行期间可点暂停按钮，样品水浴槽将自动划出，调整后点"继续"将继续运行。

⑤ 点击"停止"，仪器立刻停止，不再记忆运行点，需点击"复位"进行仪器初始化。

3. 安全注意事项

① 安放仪器的房间应符合实验室管理要求，以确保本仪器的使用寿命。同时做好仪器的防震、防尘、防腐蚀、稳压工作。

② 仪器安装之前必须确保实际使用电压跟铭牌上标的电压保持一致，并确保电源稳压及接地。仪器运行前一定要确保工作区域干净没有其他杂物。

③ 当仪器正在运行的时候，请注意仪器的安全工作距离，不要在工作区域内放置杂物。

④ 非原厂配件（或非原厂指定厂商的配件）有可能会造成仪器损伤，请禁用。

⑤ 仪器的设计使用环境是在通风橱里的。如果由于通风橱尺寸跟仪器不匹配需要将仪器放置在通风橱外的，请安装使用排气管以防溶剂挥发到室内。

4. 日常维护和规定

为了保持仪器的稳定性能，请务必遵守以下这些规则：

（1）水槽切勿干烧，以免影响加热棒寿命；

（2）每次实验结束后都要将水箱中的水排空；

（3）定期检查，以确保所有的管路连接及配件连接都是紧密的；

（4）在使用完成后请继续开机保持风扇运行 10min，以排出仪器内部蒸汽。

实验三　高通量真空平行浓缩仪的使用

一、高通量真空平行浓缩仪简介

真空平行浓缩仪的基本原理是减压蒸馏,利用溶剂在低压下沸点降低的原理,将液体不断地蒸发,达到样液的快速浓缩。热蒸汽经过冷凝管冷却,将样品液收集在溶剂回收瓶中,进而实现溶剂的高效回收,降低溶剂蒸汽对环境的污染。使用真空平行浓缩仪进行实验时,样品液通过进行快速振荡(200~280r/min)混匀,保证样液温度的均一性;样品架盖上相应的真空盖板,保证密封性后,通过真空泵抽取负压,降低溶剂的沸点,通过合适的加热温度将样品液快速蒸发。同时采用低温冷凝玻璃管或相应的低温冷阱对热蒸汽进行冷凝,从而使样品液高效环保回收。

二、高通量真空平行浓缩仪优势

(1)高通量、高效率、兼容性强　采用比热容大的水作为导热媒介,加热均匀,严格的密封性,每个孔位的温度一致,使样品在浓缩过程中保持高度平行性。批量较大,可同时浓缩多孔位多体积提取液(10~200mL不等),满足多种应用需求,适用范围广。

(2)溶剂回收率高　采用低温蛇形冷凝管进行蒸汽冷凝,乙腈回收率高达99%。

(3)可视性强　采用四面全透视玻璃,用户可随时观察浓缩情况。

(4)浓缩平行性好　水浴加热,样品受热均匀,独特气道设置,气流量均一,使得样品浓缩速率一致。

(5)安全防护到位　溶剂冷凝回收,降低溶剂暴露风险,减少环境污染。

(6)操作简便　一体式翻转盖板,简化盖板开关,操作高效。

三、高通量真空平行浓缩仪实例应用

高通量真空平行浓缩仪 MPE-16(图1-3)对于数量多、体积大的样品具有非常优秀的浓缩性能。该仪器通过振荡加速、加热温度和真空度三者的精确控制,实现高通量样品的快速浓缩。该仪器可应

图1-3　高通量真空平行浓缩仪

用于多种行业，如环境检测及监测单位中对于液液萃取后的萃取液的浓缩，或者是第三方检测中常见的农残、兽残提取液的快速浓缩，抑或是制药或者生化行业中复杂样液的浓缩等。

1. 高通量真空平行浓缩仪 MPE-16 操作规程

（1）使用前准备

① 仪器使用前需要注意真空管路连接是否正常。

② 开启真空泵与低温冷却机，开启 MPE 浓缩仪的主机电源。放入浓缩杯及配套的真空盖板。

③ 点击方法菜单栏中"打开"按钮，打开新方法进行编辑。

（2）手动模式方法　在"主页"中选择手动模式，并在振荡、温度、真空位置分别输入目标数值；再点击功能菜单栏中"温度"，可设置盖板加热的目标温度；最后点击"保存"或"另存为"即可创建一个简单的手动模式方法。

（3）自动模式方法　点击功能菜单栏中"温度"，点击自动模式进行温度参数的梯度设置：可设置水浴温度、持续时间与盖板加热的目标温度；点击功能菜单栏中"真空"，点击自动模式进行真空度参数的梯度设置：可设置绝对真空值和持续时间；点击功能菜单栏中"主页"，选择自动模式，并在振荡位置中输入目标数值。最后点击"保存"或"另存为"即可创建一个自动模式方法。

（4）参数设置

① 转速设定：一般设定转速在 200～280r/min，如转速过快导致液体飞溅或异常情况出现，请降低转速至 150～200r/min，不建议低于 150r/min。

② 温度设定：根据溶剂沸点不同，水浴设定温度上具有一定差异性，如低沸点溶剂温度常规设定在 30～40℃，盖板温度设定在 50℃；对于高沸点溶剂，如甲苯、氯苯等液体建议温度在 60℃左右，盖板温度设定在 70℃。冷凝水机温度建议设定在 3℃以下。

③ 真空度设定：根据溶剂沸点不同，真空值上需设定合适条件，请依据溶剂温度和饱和蒸汽压值进行设定，具体参照溶剂库中真空数值进行设定，尽量采用梯度降压过程，规避做样过程中爆沸问题出现。

④ 仪器开始做样时，若出现真空度异常提示，请确认真空泵、管路等系统是否连接妥善，排除异常后方可继续做样。

2. 注意事项

① 真空盖板上的旋钮不可旋得过紧，防止压碎玻璃盖板。

② 样品处理过程中，需要放入相同溶剂的样品进行浓缩，不可一个样品位放高沸点溶剂，而另一个样品位放低沸点溶剂，如此操作容易导致低沸点液体蒸发过快，高沸点液体不容易发生蒸发，使得样品处理平行性差异巨大。

③ 样品处理过程中出现玻璃管破损，有时会出现瞬间压力波动，可能会触发设备的压力突变报警，但有时无法出现触发。若样品处理过程中发现此异常，请立刻停止。

④ 样品处理过程中发生不可挽回的错误时，可关闭真空泵并将仪器电源断开，避免对样品造成进一步损害。

>>> 第二章 <<<
食品感官分析与物理性检验

实验一　食品质构的测定

国际标准化组织（ISO）规定的食品的质构：通过触觉、视觉、听觉的方法能够感知的食品流变学特性的综合感觉，是食品除色、香、味外的一种重要性质，是决定食品品质的最重要的指标之一，在某种程度上可以反映出食品的感官质量。

质构仪，也叫物性分析仪，是通过模拟人的触觉，分析检测触觉中的物理特征，使用统一的测试方法，对样品的物性概念做出准确表述。它是量化和精确的测量仪器。

一、实验目的

1. 掌握食品物理检验的方法。
2. 了解质构分析对食品检测的意义。

二、实验原理

力量感应源连接探头，探头可以随主机曲臂做上升或下降运动，主机内部电路控制部分和数据存储器会记录探头运动所受到的力量，转换成数字信号显示出来，质构的客观测定结果用力来表示。

质构仪的检测方法包括五种基本模式：压缩实验、穿刺实验、剪切实验、弯曲实验、拉伸实验。这些模式可以通过不同的运动方式和配置不同形状的探头来实现。

1. 压缩实验

压缩实验就是柱形探头（或圆盘形）接近样品，当接触到样品时对样品进行压缩，直到达到设定的目标位置，以测试后速度返回。主要应用于面包、蛋糕类等烘焙制品，以及火腿、肉丸子等肉制品的硬度、弹性测试（图 2-1）。

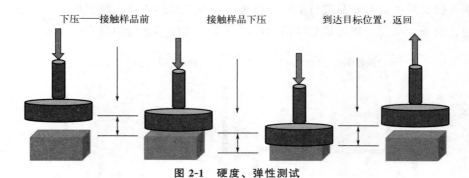

图 2-1　硬度、弹性测试

2. 穿刺实验

穿刺实验就是柱形探头（底面积小）穿过样品表面，继续穿刺到样品内部，达到设定的目标位置后返回。主要应用于苹果、梨等果蔬类产品的表皮硬度、果肉硬度测定，从而判断水果的成熟度（图 2-2）。

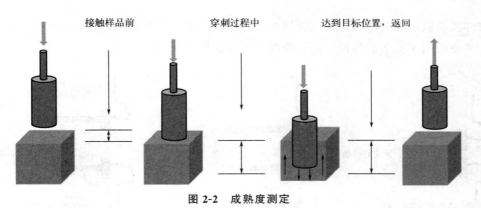

图 2-2　成熟度测定

3. 剪切实验

剪切实验就是刀具探头对样品进行剪切，到目标位置后返回。主要应用于鱼肉、火腿等肉制品的嫩度、韧性和黏附性的测定（图 2-3）。

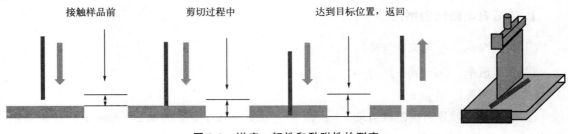

图 2-3　嫩度、韧性和黏附性的测定

4. 弯曲实验

弯曲实验就是探头对样品进行下压弯曲施力，直到样品受挤压断裂后返回。主要应用于硬质面包、饼干、巧克力棒等烘焙产品的断裂强度、脆度等质构的测定（图 2-4）。

接触样品，开始弯曲　　　　　　弯曲折断，返回

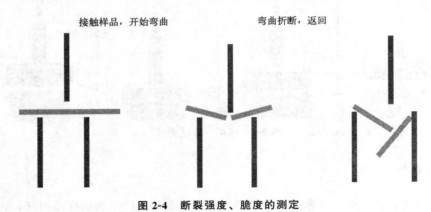

图 2-4　断裂强度、脆度的测定

5. 拉伸实验

拉伸实验就是将样品固定在拉伸探头上，对样品进行向上拉伸，直到拉伸到设定距离后返回。主要应用于面条的弹性、抗张强度以及伸展性测试（图 2-5）。

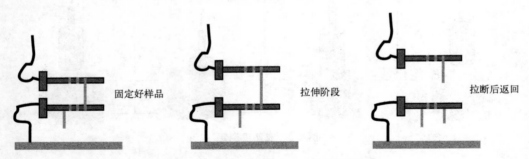

固定好样品　　　　　　拉伸阶段　　　　　　拉断后返回

图 2-5　弹性、抗张强度以及伸展性测试

三、实验内容

1. 黄瓜表皮硬度的测定

① 测试探头：进入弹性探头（NO. 63φ）。

② 测试速率：6cm/min。

③ 进入距离：10mm。

④ 检测方法：分别在距果肩端 2～3cm 处、果实中部及距果蒂端 2～3cm 处，于果身圆周对称 4 点部位进行压缩-穿刺测试，各点取平均值，结果用 N 表示。

2. 苹果、桃子硬度的比较测定

① 测试探头：进入弹性探头（NO.65φ）。

② 测试速率：6cm/min。

③ 进入距离：5mm。

④ 检测方法：沿果梗将果实纵向均匀切分为两瓣，按上述方法穿刺取样，然后切成3cm×3cm×1cm的果块，厚薄均匀一致，置于测试台，实验结果取平均值，比较苹果和桃子的硬度。

3. 馒头弹性的比较测定

① 测试探头：黏度弹性探头（NO.915φ）。

② 测试速率：6cm/min。

③ 压缩率：60%，即进入距离9mm。

④ 检测方法：用切片机从竖直方向将每个馒头切成15mm的均匀薄片，取中部两片测定。

实验二　液态食品相对密度的测定

相对密度是食品生产过程中常用的工艺控制指标和质量控制指标，通过测定相对密度，可初步判断食品是否正常以及其纯净程度。正常的液态食品，其相对密度都在一定范围内。通过测定食品的密度就可以判断出该食品是否正常。如全脂牛乳的相对密度正常值在1.028～1.032，植物油相对密度（压榨法）为0.9090～0.9295。当因掺杂、变质等引起这些液体食品的组成成分发生变化时，相对密度均可出现变化，如牛乳的相对密度与其脂肪含量、总乳固体含量有关，脱脂乳相对密度升高，掺水乳相对密度即下降。油脂的相对密度与其脂肪酸的组成有关，不饱和脂肪酸含量越高，脂肪酸不饱和程度越高，脂肪的相对密度就越高；游离脂肪酸含量越高，相对密度就越低；酸败的油脂相对密度升高。

一、实验目的

掌握使用各种仪器测定液态食品相对密度的方法。

二、实验原理

采用密度瓶、相对密度天平、密度计法等可测定液体试样的相对密度。液态食品指各类饮料、酱油以及各类糊体、酱体等液态食品（具有流动性、均匀性特质）。相对密度是指某一温度下物质的质量与同体积某一温度下水的质量之比，以符号 d 表示，即两者的密度之比，无量纲。各种液态食品都有其一定相对密度，当其组成成分及其浓度改变时，其相对密度也随之改变，故测定液态食品的相对密度可以检验食品的纯度或浓度及判断食品的品质。

食品工业中常用的密度计按其标度方法的不同，可分为普通密度计、锤度计、乳稠计、波美密度计等，如图 2-6 所示。

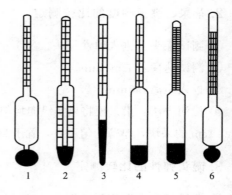

图 2-6　各式密度计

1—普通密度计；2—附有温度计的糖度计；
3，4—波美密度计；5—酒精计；6—乳稠计

三、实验材料和仪器

1. 材料

果汁饮料（葡萄汁、咖啡）、鲜牛乳、乳粉（全脂、脱脂）、白酒、黄酒、盐水、酱油（老抽、生抽）。

2. 仪器

密度瓶、相对密度天平、专用相对密度计（糖度计、乳稠计、酒精计）。

四、实验步骤

1. 密度瓶法

洁净、干燥、恒重、准确称量的密度瓶→装满鲜牛乳，盖上瓶盖→20℃水浴，吸去支管标线以上的鲜牛乳→0.5h 后取出，擦干外瓶壁→置天平室内 0.5h，称量→倾出鲜牛乳，洗净密度瓶，装满水→同上法操作→计算。

2. 相对密度天平法

装好相对密度天平→调至适当高度→把等重砝码挂在右端挂钩上→旋转调零旋钮使两个指针吻合→取下等重砝码→换上整套玻锤后须保持平衡→玻璃圆筒内注水至 4/5 处→将玻锤和弯头温度计浸入→试放各种游码，使两指针吻合→读数→洗净玻锤，擦干，继续测量试样→倾出水。

3. 密度计法

密度计洗净并擦干→缓缓放入盛有果汁的量筒中，保持试样在 20℃→静置片刻→轻轻

按下少许→待其自然上升，静置并无气泡后读数。

五、实验结果

（1）密度瓶法　按下式计算鲜牛乳的密度

$$d = \frac{M_2 - M_0}{M_1 - M_0}$$

式中　d——试样在20℃时的相对密度；

M_0——密度瓶的质量，g；

M_1——密度瓶加水的质量，g；

M_2——密度瓶加液体试样的质量，g。

（2）相对密度法

$$d = \frac{P_2}{P_1}$$

式中　d——试样的相对密度；

P_1——浮锤浸入水中时游码的读数，g；

P_2——浮锤浸入试样中时游码的读数，g。

六、思考题

1. 测定液态食品的相对密度有何意义？
2. 使用密度计的注意事项有哪些？

实验三　食品感官评价（滋味和气味的鉴别）

食品感官评价是以人的感觉为基础，通过感官评价食品的各种属性后，再经统计分析而获得客观结果的试验方法。因此，在评价过程中，其结果不但要受客观条件的影响，还要受主观条件的影响。评价员是影响感官评价结果的关键因素，根据感官评价的试验特定，合格的评价员须具有一定的专业知识、良好的感觉敏锐性及基本的感官评价知识与技巧。通过敏感度检测，筛选出具较高感官敏锐性的人员参加评价，从而保证了感官评价试验结果的可靠性。

一、实验目的

1. 判定评价员味觉的识别能力与敏感度。
2. 判定评价员嗅觉的识别能力与灵敏度。
3. 培养评价员具有良好的生活习惯，保护味觉和嗅觉。

二、实验方法

按递增系列向评价员交替呈现刺激系列法，范氏实验法或啜食术。

三、实验原理

酸、甜、苦、咸是人类的四种基本味觉。取四种味感物质加水稀释，或加入其他某种味感物，以浓度递增的顺序向评价员提供样品，评价员在品尝后记录味感。

嗅觉属于化学感觉，可用以辨别各种气味。嗅觉的感受器位于鼻腔最上端的嗅上皮内，嗅觉的感受物质必须具有挥发性和可溶性的特点。气味的鉴别可用范氏实验法和啜食术。

四、适用范围

用于初选及培训评价员的初始实验。

五、实验材料和仪器

1. 材料

食盐、糖、柠檬酸、苦瓜汁、标准香精样品（柠檬、苹果、茉莉、玫瑰、菠萝、香蕉、乙酸乙酯、丙酸异戊酯）、乙醇、丙二醇。

2. 仪器

容量瓶、品尝杯、标签纸、漱口杯、托盘、一次性纸杯、具塞棕色玻璃小瓶、辨香纸、棉球。

六、实验步骤

1. 滋味的辨别

① 参照表 2-1 配制和编号可供 16 人测试的样液。

表 2-1　四种基本味样液

样液编号	溶液	主要感官性质	描述
0	500mL 烧开后凉至室温白开水		
251	500mL 水＋15g 糖		
662	500mL 水＋50g 糖		
943	500mL 水＋10g 柠檬酸		
369	500mL 水＋10g 柠檬酸＋20g 糖		
733	500mL 水＋10g 盐		
824	500mL 水＋10g 盐＋10g 糖		
357	500mL 水＋20mL 苦瓜汁		
490	500mL 水＋20mL 苦瓜汁＋10g 糖		

② 把溶液分别放置在已编号的容器内，按组分好，每位同学自己准备一个容器盛水。

③ 溶液依次从低浓度开始，逐一提交给评价员，每次 9 杯，其中一杯为水。每杯约 30mL，杯号按随机数编号，品尝后按表 2-1 填写记录。

2. 气味的鉴别

（1）基础测试　挑选 3～4 种不同香型的香精（如柠檬、苹果、茉莉、玫瑰），用无色溶剂（如水或乙醇，根据香精的溶剂确定）稀释配制成 1% 浓度的溶液。用辨香纸或棉球浸泡溶液，放入无味的具塞棕色试剂瓶中，以随机数编码（见表 2-2），以下测试同。每个评价员得到 4 个样品，其中有两个相同、一个不同，外加一个稀释用的溶剂（对照样品）。

评价员应有 100% 选择正确率。

表 2-2　基础测试

标明香精名称的样品号码	1	2	3	4	5	6	7	8	9	10
你认为相同的样品编号										

（2）辨香测试　挑选 10 种不同香型的香精（其中有 2～3 个比较接近易混淆的香型），适当稀释至相同香气强度，分别装入干净棕色玻璃瓶中，贴上标签名称，让评价员充分辨别并熟悉它们的香气特征。

（3）等级测试　将上述辨香测试的 10 种香精制成两份样品，一份写明香精名称（并编号 1～10），一份只写编号，让评价员对 20 瓶样品进行分辨评香，并填写表 2-2。

（4）配对试验　在评价员经过辨香测试熟悉了评价样品后，任取上述香精中 5 种不同香型的香精稀释制备成外观完全一致的两份样品，分别写明随机数码编号（也就是每个香精稀释溶液编两个随机号），让评价员对 10 个样品进行配对试验，并填写表 2-3。

表 2-3　辨香配对试验

试验员：

经仔细辨香后，填入上下对应你认为二者相同的香精编号，并简单描述其香气特征。

相同的两种 香精的编号	
香气特征	

3. 结果分析

① 根据评价员的滋味品评结果，统计该评价员的觉察阈和识别阈。

② 参加辨香基础测试的评价人员最好有 100％的选择正确率，如经过几次重复还不能觉察出差别的人员不能入选评价员。

③ 在等级测试中可用评分法对评价员进行初评，总分为 100 分，答对一个香型得 10 分。30 分以下者为不合格；30～70 分者为一般评香员；70～100 分者为优秀评香员。

④ 辨香配对试验可用差别试验中的配偶试验法进行评估。

七、注意事项

① 尝味的程序。液体：保持数量一致啜饮（小口喝）以激活所有的味→或咕嘟咕嘟地喝，使液体均匀分布在口腔→仔细地漱口。

② 要求评价员细心品尝每种溶液。如果溶液不咽下，需含在口中停留一段时间再吐出。每次品尝后用水漱口，如果要再品尝另一种味液，需等待 1min 后再品尝。

③ 试验期间样品和水温尽量保持在 20℃或室温。

④ 试验样品的组合，可以是同一浓度系列的不同味液样品，也可以是不同浓度系列的同一味感样品或两三种不同味感样品，每批次样品数一致。

⑤ 样品以随机数编号，无论采取哪种组合，各种浓度的试验溶液都应被品评过，浓度顺序应从低浓度逐步到高浓度。

⑥ 评香实验室应有足够的换气设备，以 1min 内可换室内容量的 2 倍量空气能力为最好。

⑦ 闻香的程序：

a. 或长或短地重复用力吸气；

b. 每次休息时吸气次数保持一致；

c. 固体或半固体应搅拌或破碎以提供新鲜的表面；

d. 液体品尝前充分摇匀；

e. 可选范氏实验法或啜香法。

1. 味觉和嗅觉是怎样产生的？影响味觉和嗅觉的因素有哪些？
2. 如何判断感官评价员的味觉、嗅觉灵敏度？
3. 按递增系列向评价员交替呈现刺激系列的原因是什么？
4. 如何掌握范氏实验法或啜食术？它们有何区别？

实验四　酒的感官评价

在食品感官评价中，验证两个产品之间具有可感知的差异之后，可以通过描述性测试对差异的基础进行鉴别，三点检验法是最常用的细微差别检验法。这种评价方法可能涉及一个或多个感官性质的差异分析，但不能表明产品在哪些感官性质上有差异，也不能评价差异的程度。本实验中，运用三点检验法可鉴别出两种啤酒之间存在的细微差别，也可以初选与培训啤酒评价员。

一、实验目的

1. 学会运用三点检验法鉴别两种食品间的细微差别。
2. 通过三点检验，可以初步测试与训练评价员对某种产品的风味鉴别能力，便于挑选合格者进行复试与培训。

二、实验方法

三点检验法。

三、实验原理

同时提供三个编码样品，其中两个是相同的，要求评价员挑选出其中不同于其他两样品的样品的检测方法称为三点检验法，也称三角试验法。通常应用于评价两样品之间的细微差异，如品质控制或仿制某个优良产品；也可以用于挑选或培训评价员，锻炼其发现产品差别的能力。

四、适用范围

当加工原料、加工工艺、包装方式或贮藏条件发生变化时，为确定产品感官特征是否发生变化，三点检验法是一个有效的检验方法。但对于刺激性强的产品，由于可能产生感官适应或滞留效应，不宜使用三点检验法。

五、实验材料和仪器

(1) 啤酒　两种不同品牌但感官品质相近的啤酒。

(2) 试剂　蔗糖。

(3) 啤酒品评工具　直径 50mm、杯高 100mm 的烧杯，托盘 6 个，小汤勺 40 把。

六、实验步骤

1. 样品制备

(1) 标准样品　12°啤酒（样品 A、B）。

(2) 稀释比较样品　12°啤酒 A 间隔用水稀释为系列样品；90mL 除气啤酒添加 10mL 纯净水为 A_1，90mL A_1 加 10mL 纯净水为 A_2，其余以此类推。

(3) 甜度比较样品　12°啤酒 B 间隔用水稀释后分别加蔗糖 4g/L 获得样品 B_1 和 B_2，稀释做法同（2）。

2. 样品编号（样品制备员准备）

以随机数对样品编号，见表 2-4。

表 2-4　啤酒三点检验法样品编号

样品	编号	
标准样品（A、B）	428（A）	156（B）
稀释样品（A）	876（A_1）	257（A_2）
加糖样品（B）	741（B_1）	358（B_2）

3. 供样顺序（样品制备员准备）

每次随机提供 3 个样品，其中两个是相同的，另一个不同，例如，$A_1A_2A_2$、$A_1A_2A_1$、AA_1A_1、B_2BB_2、A_2AA 等。

4. 品评

每个品评员每次得到一组 3 个样品，依次品评，并填表 2-5，每人应评 8～10 次。

表 2-5　三点检验法问答表

样品：啤酒对比试验　实验方法：三点检验法	实验员：　　　　　　日期：

请从左至右依次品尝你面前的 3 个样品，其中有两个是相同的，另一个不同。品尝后，请填好下表。你可以多次品尝，但不能没有答案。

相同的两个样品编号：_____　_____

5. 结果与分析

① 统计每个评价员的实验结果，查三点检验法检验表，判断该评价员的评价水平。

② 统计本组及全班学生的实验结果，查三点检验法检验表，判断该评价员的评价水平。

七、注意事项

（1）实验用啤酒　应做除气处理，处理方法可选用以下 3 种之一。

① 过滤法：取约 300mL 样品，以快速滤纸过滤至具塞瓶中，加塞备用。

② 摇瓶法：取约 300mL 样品，置于 500mL 碘量瓶中，用手堵住瓶口摇动约 30s，并不时松手排气几次。静置，加塞备用。

③ 反复流注法：在室温 25℃以下时，取温度 10～15℃样品 500～700mL 于清洁、干燥的 1000mL 搪瓷杯中，以细流注入同样体积的另一搪瓷杯中，注入时两杯口相距 20～30cm，反复注流 50 次，以充分除去酒液中的二氧化碳，注入具塞瓶中备用。

以上 3 种方法中，前两种方法操作简单易行，误差较小，特别是第二种方法被国内外普遍采用。无论采用哪一种方法，在同一次品尝实验中必须采用同一种处理方法。

（2）控制光线　以减少颜色的差别。

八、思考题

1. 如何利用三点检验法挑选和培训啤酒品评员？

2. 试设计一个带有特定感官问题如风味（或异常风味、商标等）的三点检验法。

实验五　茶的感官评价

茶叶的优与劣、新与陈、真与假主要是通过感官来鉴别的。一般而言，茶叶质量的感官鉴别分为两个阶段，即按照先"干看"（即冲泡前鉴别）后"湿看"（即冲泡后鉴别）的顺序进行。"干看"包括对茶叶的形态、嫩度、色泽、净度、香气五方面指标的体察与目测。"湿看"则包括对茶叶冲泡成茶汤后的气味、汤色、滋味、叶底等 15 项内容的鉴别。五项评茶法是我国传统的感官审评方法，即将审评内容分为外形、汤色、香气、滋味和叶底，经干、湿评后得出结论。在每一项审评内容中，均包含诸多审评因素：如外形需评价形状、嫩度、色泽、整碎、净度等；汤色需评价颜色、明暗度和清浊度；香气需评价类型、浓度、纯度和持久性；滋味评价因素有浓淡、醇涩、厚薄、纯异及鲜钝等；叶底需评价嫩度、色泽、明暗度、匀整度等。每个因素的不同表现，均有专用的评茶术语予以表达。

五项评茶法要求审评人员视、嗅、味觉器官并用，外形与内质审评兼重。在运用时由于时间的限制，尤其是在多种茶审评时，工作强度及难度较大，因此不仅需要评茶人员训练有素，审评中也应有侧重和主次之分，即不同项目间和同一项目不同因素间重点把握对品质影响大和对品质表现起主要作用的项目（因素），并考虑相互的影响，作出综合评价。

五项评茶法的计分，一般是依据不同茶类的饮用价值体现，通过划分不同的审评项目品质（评分）系数，进行加权计分。就单个项目品质系数比较而言，外形所占比值最大，但小于内质各项比值之和采用加权计分，不仅较好地体现了品质侧重，也保障了综合评价的准确性，排除了各个审评项目单独计分的弊端。

五项评茶法主要运用在农业系统的茶叶质量检验和品质评比中，在科研机构中也多有针对性运用。

一、实验目的

1. 熟悉茶叶感官评价的用具。
2. 掌握评价的基本程序、术语和各类茶的品质特征。
3. 初步掌握五项因子评茶法及其要点。

二、实验方法

五项因子评茶法。

三、实验原理

审评人员运用正常的视觉、嗅觉、味觉、触觉等辨别能力，对茶叶产品的外形、汤色、香气、滋味与叶底等品质因子进行综合分析和评价的过程。

四、适用范围

本实验方法适用于各类茶叶的感官评审。

五、实验材料和仪器

1. 材料

水，红茶、绿茶、白茶、黄茶、黑茶、花茶、乌龙茶、紧压茶8种茶中同一品名不同等级的茶叶若干克。

2. 仪器

审评台、评茶标准杯碗、评茶盘、分样盘、叶底盘、扦样盘、分样器、天平、计时器、刻度尺、网匙、茶匙、吐茶桶、烧水壶。

六、实验步骤

1. 外形审评

干看茶叶：双手拿茶盘转动数回，使茶叶均匀地平伏在审茶盘中，大小、长短、碎末都有秩序地分布不同层，一般粗大的茶条上浮，重实细小的在下层，比较整齐的茶索在中层，这时审评茶叶是否整齐均匀，下脚茶多少、粗老茶条多少比较容易分辨，分别检验以下几个项目：

（1）条索（外形）　检查茶条的形状是否符合标准要求。例如，条状茶要求紧细结实，粗松、轻散、弯曲过多的都较次；片茶要展平呈片状，龙井、大方、旗枪等要求扁平挺直。

（2）嫩度　观察茶与嫩叶的比例，锋苗的有无，条索的光糙度。

（3）色泽　茶叶的色泽好坏与鲜叶的制造有密切关系。干茶的色泽审评首先看其是否纯正，即是否符合该类茶叶应有的光泽；其次看其深浅、枯润、明暗、鲜陈、有无光彩，是否调和、驳杂。

（4）净度　指毛茶的干净程度，即夹杂物的多少。夹杂物有茶类夹杂物（茶叶本身的籽、梗、末等）和非茶类夹杂物（采、运、加工时掺入的沙、石、竹子等）。

2. 内质审评

湿看茶叶：取有代表性茶样 3.0g 或 5.0g，茶水比（质量体积比）1∶50，置于相应的评茶杯中，注满沸水、加盖、计时，按表 2-6 选择冲泡时间，依次等速滤出茶汤，留叶底于杯中，按汤色、香气、滋味、叶底的顺序逐项审评。

表 2-6　各类茶冲泡时间

茶类	冲泡时间/min	茶类	冲泡时间/min
绿茶	4	乌龙茶（条型、卷曲型）	5
红茶	5	乌龙茶（圆结型、卷曲型、颗粒型）	6

茶类	冲泡时间/min	茶类	冲泡时间/min
白茶	5	花茶	5
黄茶	5	紧压茶（挖出颗粒型）	6
黑茶	5		

（1）汤色　茶叶的汤色可以反映叶底、滋味等品质，在正常情况下，它们的相互关系应是一致的。经过 5min 冲泡的茶汤倒入审茶杯中，稍待澄清后，即可审评茶汤的深浅、清浊、明暗，但时间延长，杯中茶汤的色泽易变化。

低级茶的汤色一般较深，并且发暗，滋味苦涩，而高级茶的汤色，浅而明亮、滋味鲜醇。

（2）香气　茶叶的香气虽然干闻也能辨别，但不及湿嗅明显。湿嗅是茶叶经冲泡后，倾出茶汤，闻审茶杯剩下的茶叶香气，不要把杯盖完全掀开，稍稍掀开扩大杯盖，接近鼻子，闻后仍旧盖好，放在原位。

（3）滋味　用茶匙留一勺茶汤，尝其滋味。不要直接咽下，用舌头在口腔内打转两三次后，再吐出，质量较好的茶叶，其滋味入口时稍有微苦而后回甜鲜爽。

（4）叶底　将茶汤倒出后剩下的残渣倒在叶底盘上观察叶底的情况。

叶底的色泽和软硬可以反映鲜叶的老嫩，叶底的色与汤色的关系密切。叶底色泽鲜亮与昏暗往往和汤色的清澈与混浊相关。叶底较柔软是鲜叶细嫩的特点，而粗老的鲜叶，其叶底较粗硬。

3. 审评结果与判定

（1）级别判定　对照一组标准样品，比较未知茶样品与标准样品之间某一级别在外形和内质的相符程度（或差距）。首先，对照一组标准样品的外形，从外形的形状、嫩度、色泽、整碎和净度五个方面综合判定未知样品等于或约等于标准样品中的某一级别，即定为该未知样品的外形级别；然后从内质的汤色、香气、滋味与叶底四个方面综合判定未知样品等于或约等于标准样品中的某一级别，即定为该未知样品的内质级别。

未知样品最后的级别判定结果按下式计算：

$$未知样品的级别 = （外形级别 + 内质级别）/2$$

（2）合格判定

① 评分：以成交样或标准样相应等级的色、香、味、形的品质要求为水平依据，按规定的审评因子，即形状、整碎、净度、色泽、香气、滋味、汤色和叶底（见表 2-7）以及审评方法，将生产样对照标准样或成交样逐项对比审评，判断结果按"七档制"（见表 2-8）方法进行评分。

表 2-7　各类成品茶品质审评因子

茶类	外形				内质			
	形状（A）	整碎（B）	净度（C）	色泽（D）	香气（E）	滋味（F）	汤色（G）	叶底（H）
绿茶	√	√	√	√	√	√	√	√

茶类	外形				内质			
	形状（A）	整碎（B）	净度（C）	色泽（D）	香气（E）	滋味（F）	汤色（G）	叶底（H）
红茶	√	√	√	√	√	√	√	√
乌龙茶	√	√	√	√	√	√	√	√
白茶	√	√	√	√	√	√	√	√
黑茶	√	√	√	√	√	√	√	√
黄茶	√	√	√	√	√	√	√	√
花茶	√	√	√	√	√	√	√	√
紧压茶	√	×	√	√	√	√	√	√

注："×"为非审评因子。

表 2-8　七档制审评方法

七档制	评分	说明
高	+3	差异大，明显好于标准样
较高	+2	差异较大，好于标准样
稍高	+1	仔细辨别才能区分，稍好于标准样
相当	0	标准样或成交样的水平
稍低	−1	仔细辨别才能区分，稍差于标准样
较低	−2	差异较大，差于标准样
低	−3	差异大，明显差于标准样

② 结果计算：按下式计算。

$$Y = A_n + B_n + \cdots + H_n$$

式中　　　　　　Y——茶叶审评总得分；

A_n、B_n、$\cdots$、H_n——各审评因子的得分。

③ 结果判定：任何单一审评因子中得−3分者判定该样品为不合格，总得分≤−3分者该样品为不合格。

（3）品质评定

① 评分的形式：整个审评过程由一个或若干个评茶员独立完成。当由多个（奇数）评茶员一起完成时，组成审评小组，推举其中一人为主评。先由主评给出分数，其他人再进行修正。茶样采用编码盲评，审评员根据审评知识与品质标准按照"五因子"，采用百分制进行审评。

② 分数的确定：每个评茶员所评分数相加的总和除以参加评分的人数所得的分数，当人数大于5人时，去掉一个最低分和最高分。

③ 结果计算：将单项因子的得分与该因子的评分系数相乘，并将各个乘积值相加，即

为该茶样审评的总得分。计算式如下。

$$Y = A \times a + B \times b + \cdots + E \times e$$

式中　　　　Y——茶叶审评总得分；

A、B、$\cdots$、E——各品质因子的审评得分；

a、b、$\cdots$、e——各品质因子的评分系数（见表2-9）。

表2-9　各品质因子的评分系数

茶类	外形（a）	汤色（b）	香气（c）	滋味（d）	叶底（e）
绿茶	25	10	25	30	10
红茶	25	10	25	30	10
乌龙茶	20	5	30	35	10
白茶	25	10	25	30	10
黑茶	20	15	25	30	10
黄茶	25	10	25	30	10
花茶	20	5	35	30	10
紧压茶	20	10	30	35	5

④ 结果评定：根据计算结果审评的名次按分数从高到低的次序排列。

如遇分数相同者，则按"滋味→外形→香气→汤色→叶底"的次序比较单一因子得分的高低，高者居前。

七、思考题

1. 评茶的设备与要求有哪些？
2. 评茶的一般程序是什么？
3. 茶叶审评项目和审评因子有哪些？
4. 如何正确地使用评茶术语和正确评分？

拓展阅读：中国茶里的文化自信

>>> 第三章 <<<
食品常规成分分析

实验一　食品中粗淀粉含量的测定

淀粉、蔗糖、葡萄糖、乳酸、味精等是一种光学活性物质，当偏振光通过光学活性溶液时，偏振面发生旋转。利用旋光仪可以测定各种光学活性物质偏振面的旋转方向和旋转角度的大小，即所谓各种光学活性物质的旋光度。然后根据比旋光度的公式计算光学活性物质的浓度。旋光度的大小随光源的波长、液层厚度、光学活性物质种类、浓度、溶剂性质及温度而异。在一定条件（温度、浓度、溶剂、波长）下，每种具有旋光性的物质都具有一定的比旋光度。比旋光度是每种光学活性物质的特征常数，可从有关手册上查得。比旋光度 $[\alpha]_D$ 即表示 100mL 中含 100g 溶质的溶液在 1dm 的液层厚度时所测得的旋光角度。在一定温度和一定光源下，当溶液体积为 1mL，含光学活性物质 1g，液层厚度为 1dm 时，偏振面所选择的角度，叫作该物质的比旋光度。

一、实验目的

1. 了解旋光仪的构造和工作原理，掌握旋光仪使用方法。
2. 了解旋光法在食品分析中的应用。

旋光法测定淀粉含量

二、实验方法

旋光法。

三、实验原理

在加热及酸作用下，淀粉水解转入溶液，以亚铁氰化钾和乙酸锌沉淀蛋白。澄清后用旋光仪测定溶液的旋光度，在特定条件下，淀粉的比旋光度确定，可测出谷物种子中淀粉的含量。测定时先将部分样品用稀盐酸水解，澄清和过滤后用旋光法测定；另一部分样品用体积分数为 40% 的乙醇溶液萃取出可溶性糖和分子量低的多糖后，再用盐酸水解测定旋光度。

旋光仪中有两个尼科尔棱镜，一个是起偏镜，另一个是检偏镜。仪器利用起偏镜使光源发出的光变成单一直线的偏振光，光通过起偏镜和检偏镜之间盛有旋光性物质的样品管时，由于物质的旋光作用，使偏振光偏转了一个角度，通过检偏镜的光线角度也发生改变。仪器采用光电检测自动平衡原理，进行自动测量，经数控系统把光信号转换成数字信号输出，红字为左旋（一）、黑字为右旋（＋），即可检测物质的旋光度。根据测定物质的旋光度值，结合旋光物的比旋光度等参数间的换算，可以分析确定物质的浓度、含量及纯度等。

四、适用范围

适用于水稻、小麦、玉米、谷子、高粱等谷物籽粒中粗淀粉含量的测定。

五、实验材料和仪器

1. 材料

（1）0.32mol/L 稀盐酸溶液　用水将 9.5mL 盐酸（1.19g/mL）稀释至 1L。

（2）7.7mol/L 盐酸溶液　用水将 236mL 盐酸（1.19g/mL）稀释至 1L。

（3）乙醇溶液　体积分数为 40%。

（4）10.6g/100mL 亚铁氰化钾溶液　10.6g 三水亚铁氰化钾 $[K_4Fe(CN)_6 \cdot 3H_2O]$ 溶于水，稀释至 100mL。

（5）21.9g/100mL 乙酸锌溶液　21.9g 二水乙酸锌 $[Zn(CH_3COO)_2 \cdot 2H_2O]$ 溶于水中，加入 3g 冰乙酸，用水稀释至 100mL。

2. 仪器

分析天平（感量 0.001g）、实验用粉碎机、电热恒温水浴锅、旋光仪、锥形瓶、容量瓶、滤纸。

六、实验步骤

1. 样品总旋光度的测定

称取样品 2.5g（精确至 0.001g），将试样放至 50mL 的小烧杯中，向其中加入 25mL 0.32mol/L 稀盐酸溶液，开始先加入少量振荡内容物至试样全部湿润，然后搅拌至较好的分散状态，将该溶液沿 50mL 容量瓶瓶壁倒入容量瓶中。将容量瓶置于沸水浴中，使容量瓶的大部分浸入水中，且保持水一直沸腾 15min 后取出，迅速用流水冷却至室温，再加入 5mL

亚铁氰化钾溶液和5mL乙酸锌溶液用力混合沉淀蛋白质，再用蒸馏水定容，并以滤纸过滤，过滤得澄清溶液。将滤液装入旋光管，并在旋光仪上进行测定，读出旋光角度数，每个样品读3次。计算出平均值。

2. 醇溶性物质旋光度的测定

称取（5.0±0.1）g样品，置于100mL容量瓶中，加入大约80mL 40％乙醇溶液，将容量瓶在室温下放置1h；并在1h内剧烈摇动6次，以保证样品与乙醇充分混合。用乙醇定容至100mL，摇匀后过滤。

用移液管吸取50mL滤液（相当于2.5g的实验样品）于另一只100mL容量瓶中，加入2.0mL 7.7mol/L盐酸溶液，剧烈摇动，再置于沸水浴中准确加热15min，取出后迅速冷却至室温。加入5mL亚铁氰化钾溶液和5mL乙酸锌溶液，振摇1min沉淀蛋白质，用水定容至100mL，过滤，取滤液测定旋光度。

3. 仪器操作步骤

① 将仪器放置在基座或工作台，接通电源，打开电源开关，等待5min左右打开光源开关（右侧面）。仪器预热20min，使钠灯发光稳定（图3-1）。

② 按"测量"键，将装有蒸馏水或其它空白溶剂的试剂放入样品室，盖上箱盖，待示数稳定后，按"清零"键。试管中若有气泡，应先让气泡浮在凸颈处。通光面两端的雾状水滴应用软布擦干，试管螺帽不宜旋得过紧。

③ 取出试管，将待测样品注入试管，按照相同位置和方向放入样品室内，盖好箱盖，仪器显示出该样品的旋光度。重复操作3次，取平均值。

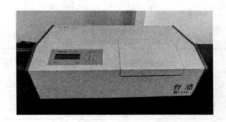

图3-1　WZZ-2B型自动旋光仪

4. 记录读数

实验结果记录于表3-1。

表 3-1　实验记录表

样品质量/g	旋光度				旋光管长度/cm
	1	2	3	平均值	

5. 结果计算

结果按下式进行计算：

$$W_1 = 100\% - W_0$$

式中　W_1——干物质质量分数，%；

　　　W_0——样品中水的质量分数，%。

$$W = \frac{L}{\alpha_D^{20}} \times \left[\frac{2.5 \times \alpha_1}{m_1} \times N_1 - \frac{5.0 \times \alpha_2}{m_2} \times N_2 \right] \times \frac{100}{W_1}$$

式中　W——试样中淀粉含量，%；

　　　L——旋光管长度，cm；

　　　α_1——测得的总旋光度，(°)；

　　　α_2——测得醇溶性物质旋光度，(°)；

　　　N_1——样品稀释倍数，50；

　　　N_2——乙醇溶解物稀释倍数，100；

　　　m_1——测定总旋光度时样品的质量，g；

　　　m_2——测定醇溶性物质时样品的质量，g；

　　　α_D^{20}——纯淀粉在 20℃下，589.3nm 波长处测得的比旋光度，(°)。

淀粉具有旋光性，在一定条件下旋光度的大小与淀粉的浓度成正比。在加热及稀盐酸的作用下，淀粉水解并转入盐酸溶液中，如表 3-2，在一定的水解条件下，不同作物淀粉的比旋光度 $[\alpha]_D$ 是不同的，其值为 171°～195°。

表 3-2　不同淀粉在 20℃时的比旋光度

淀粉类型	比旋光度	淀粉类型	比旋光度
大米淀粉	+185.9°	大麦淀粉	+181.5°
马铃薯淀粉	+185.7°	燕麦淀粉	+181.3°
玉米淀粉	+184.6°	其他淀粉和淀粉混合物	+184.0°
小麦淀粉	+182.7°		

七、注意事项

① 将样品置于沸水浴中时，若泡沫过多，可加入 1～2 滴辛醇消泡。

② 本方法适用于原淀粉中淀粉含量的测定，不适用于直链淀粉含量高的原淀粉、变性淀粉和预糊化淀粉含量的测定。

③ 温度对于旋光度有很大的影响，如测定时温度不是 20℃，应进行校正。

八、思考题

1. 样品加盐酸处理时，煮沸时间少于或多于 15min 会对测定结果产生什么影响？

2. 除淀粉外，旋光法还能测定哪些物质？

3. 如果容量瓶在沸水浴中加热时间过长或降温过慢，则淀粉含量测定值将过高还是过低？

实验二　食品中粗纤维的测定

纤维是由葡萄糖组成的大分子多糖，也是植物细胞壁的主要组成成分，广泛存在于植物体内，是植物性食品的主要成分之一。粗纤维主要包括纤维素、半纤维素、果胶、树胶、木质素及角质等成分。含膳食纤维的食物主要有粮食、蔬菜、水果等。其中膳食纤维又分为可溶性膳食纤维和不溶性膳食纤维。前者如果胶、树胶和黏胶，它们可溶于水，主要存在于水果、燕麦、大麦和部分豆类中。而大多数膳食纤维都属不溶性，如纤维素和半纤维素等。例如，动物饲料中那些稀酸、稀碱难溶的，家畜（特别是反刍动物）不容易消化的部分，其中主要成分是纤维素、半纤维素和木质。市场上大部分粗纤维食品中都添加了含有这类不溶性膳食纤维的粗粮和杂粮，如玉米、麦麸、米糠等。它们能够促进肠道蠕动，改善消化系统功能。每天从食品中摄取 8～12g 纤维，才能维持人体正常的生理代谢功能。

一、实验目的

1. 了解食品中粗纤维的检测原理及意义。
2. 掌握重量法测定粗纤维含量的基本操作技术。

二、实验方法

重量法。

三、实验原理

试样经酸处理可将单糖、淀粉、果胶质和部分半纤维素水解而将其除去，再用碱溶解蛋白质、部分半纤维素、木质素和皂化脂肪酸而将其除去。用乙醇和乙醚洗涤后，所得的残渣干燥后减去灰分重即为粗纤维含量。如其中含有不溶于酸碱的杂质，可灰化后除去。

四、适用范围

植物类食品。

五、实验材料和仪器

1. 材料

（1）石棉　加 5% NaOH 溶液浸泡石棉，在水浴上回流 8h 以上，再用热水充分洗涤，然后用 20% HCl 在沸水浴回流 8h 以上，再用热水充分洗涤，干燥。在 600～700℃ 中灼烧后，加水使其成混合物，贮存于广口瓶中。

（2）1.25% H_2SO_4

（3）1.25% KOH 溶液

2. 仪器

分析天平（感量为 0.001g）、组织捣碎机、电热板、回流装置（500mL 锥形瓶及冷凝管）、亚麻布（适用于粗纤维含量测定）、G2 垂融坩埚（或漏斗）、抽滤系统、石棉坩埚、电热鼓风干燥箱、马弗炉、干燥器（内附硅胶或其他有效干燥剂）。

六、实验步骤

① 称取 20～30g 捣碎的试样（或 5.0g 干试样），移入 500mL 锥形瓶中，加入 200mL 煮沸的 1.25% H_2SO_4，加热使微沸，保持体积恒定，维持 30min，每隔 5min 摇动锥形瓶一次，以充分混合瓶内的物质。

② 取下锥形瓶，立即用亚麻布过滤，用沸水洗涤至洗液不呈酸性（以酚酞为指示剂，变色范围是 pH 8.2～10.0，红色到无色，也可选精密 pH 试纸）。

③ 再用 200mL 煮沸的 1.25% KOH 溶液，将亚麻布上的存留物洗入原锥形瓶内加热微沸 30min 后，取下锥形瓶，立即以亚麻布过滤，沸水洗涤 2～3 次后，移入已干燥称重的 G2 垂融坩埚或同型号的垂融漏斗中，抽滤，用热水充分洗涤后，抽干。再依次用乙醇和乙醚洗涤一次，将坩埚和内容物在 105℃ 烘箱中烘干后称量，重复操作，直至恒重。

如果试样中含有较多的不溶性（不溶于酸碱的）杂质，则可进一步用水将漏斗中存留物洗入已干燥恒重的石棉坩埚过滤，烘干称量后，再移入 550℃ 高温炉中灰化，使含碳的物质全部灰化，置于干燥器内，冷却至室温称量，所损失的量即为粗纤维量。

④ 实验记录于表 3-3。

表 3-3　实验结果记录

样品	第一次	第二次	第三次	平均值
试样质量 m/g				
残余物质量 G/g				
结果				

⑤ 结果按下式进行计算：

$$X = \frac{G}{m} \times 100\%$$

式中　X——试样中粗纤维的含量，%；

　　　　G——残余物的质量（或经高温炉损失的质量），g；

　　　　m——试样的质量，g。

计算结果精确到小数点后一位。

七、注意事项

① 垂融漏斗马弗炉处理，提前放入烘箱干燥。

② 样品中脂肪含量高于 1% 时，应先用乙醚、石油醚脱脂，然后再测定。

③ 酸煮垂融漏斗、滤布，以备使用。

八、思考题

1. 测定粗纤维含量时，哪些因素会影响测定结果？

2. 粗纤维测定过程中应注意哪些事项？

3. 食品中纤维包括哪些物质？为什么将实验测定结果称"粗纤维"？

实验三　食品中水分含量的测定

　　水分是控制食品质量、储存和抗变质的重要因素，因此食品的水分（或总固体）含量在食品加工制造过程中十分重要。在食品中水分存在形态有三种：游离水、结合水和化合水。游离水是指存在于动植物细胞外各种毛细管和腔体中的自由水，包括食品表面的吸附水。结合水是指形成食品胶体状态的水分，如蛋白质、淀粉的水合作用和膨润吸收的水分，以及糖类、盐类等形成的结晶水。化合水是指物质分子结构中与其他物质化合生成新的化合物的水，如碳水化合物中的水。前一种形态存在的水分，易于分离；后两种形态存在的水分，不易分离。如果不加限制地长时间加热干燥，必然使食物变质，影响分析结果。

　　水分的主要测定方法有：直接干燥法、化学干燥法、蒸馏法和卡尔-费休法。还可利用食品的密度、折射率、电导、介电常数等物理性质测定水分的方法称作间接测定法，间接测定法不需要除去样品中的水分。

　　直接测定法精确度高、重复性好，但花费时间较多，且主要靠人工操作，广泛应用于实验室内。间接测定法所得结果的准确度一般比直接法低，而且往往需要进行校正，但间接法测定速度快，能够自动连续测量，可用于食品工业生产过程中水分含量的自动控制。在实际应用时，水分测定的方法要根据食品性质和测定目的而选定。

常压干燥法

一、实验目的

1. 了解水分测定的意义。
2. 掌握蒸发、干燥、恒重的概念和知识，以及直接干燥法测定水分含量的方法。
3. 掌握天平称量操作，电热干燥箱、干燥器的正确使用方法。
4. 掌握水分测定的各种方法，熟练掌握常压干燥测定水分的操作技能。
5. 了解不同样品的各种水分测定方法。

二、实验方法

常压干燥法。

三、实验原理

在一定温度（101～105℃）和压力（常压）下，将样品放在烘箱中加热，样品中的水分受热以后，产生的蒸汽压高于空气在恒温干燥箱中的分压，使水分蒸发出来。同时，由于不断地加热和排走水蒸气，将样品完全干燥，干燥前后样品质量之差即为样品的水分量，以此计算样品水分的含量。

四、适用范围

适用于在95～105℃范围内不含或含其他挥发性成分极微且对热稳定的各种食品，不适用于水分含量小于0.5g/100g的样品。

五、实验仪器

常压恒温干燥箱、电子天平（感量为0.001g）、干燥器（内附硅胶或其他有效干燥剂）、玻璃称量皿（耐酸碱）或带盖扁形铝制称量瓶（导热性好，不适于酸性样品）。

六、实验步骤

① 将称量瓶洗净，置于 101～105℃ 干燥箱中，瓶盖斜支于瓶边，加热 1.0h，取出盖好，置干燥器内冷却 0.5h，称量，并重复干燥至前后两次质量差不超过 2mg，即为恒重。

② 称取 2～10g（精确至 0.001g）样品于已恒重的称量瓶中，试样厚度不超过 5mm，如为疏松试样，厚度不超过 10mm，加盖，精密称量后，记录重量。

③ 将盛有样品的称量瓶置于 101～105℃ 的常压恒温干燥箱中，瓶盖斜支于瓶边，干燥 2～4h（在干燥温度达到 100℃ 以后开始计时）后，在干燥箱内加盖，取出称量瓶，置于干燥器内冷却 0.5h 后称重。

④ 水分含量测定流程

称量瓶→烘箱（105℃）2h→干燥器→冷却 0.5h→称重→至恒重。

称样（精确至 0.001g）→开盖烘→加盖冷却→称重→烘→冷却→称重→至恒重。恒重前后两次重量不超过 2mg。

⑤ 样品处理

a. 固态样品需粉碎，经过 20～40 目筛，混匀。

b. 对于黏稠样品（如甜炼乳或酱类）和液体样品，将 10g 经酸洗和灼烧过的细海砂及一根细玻璃棒放入蒸发皿中，在 101～105℃ 下干燥至恒重。然后准确称取适量样品，置于蒸发皿中，用小玻璃棒搅匀后放在沸水浴中蒸干（注意中间要不时搅拌），擦干皿底后置于 101～105℃ 干燥箱中干燥 4h。按上述操作，反复干燥，直至恒重。

c. 本法测得的水分包括微量的芳香油、醇、有机酸等挥发性物质。

d. 水果、蔬菜样品，应先洗去泥沙，再用蒸馏水冲洗一次，然后用洁净纱布吸干表面的水分。

⑥ 实验记录见表 3-4。

表 3-4 实验结果记录

样品	第一次	第二次	第三次	平均值
称量瓶质量 m_1/g				
称量瓶＋试样质量 m_2/g				
恒重后称量瓶＋试样质量 m_3/g				
结果				

⑦ 结果按下式进行计算：

$$水分含量 = \frac{m_2 - m_3}{m_2 - m_1} \times 100\%$$

式中　m_2——干燥前样品与称量瓶（或蒸发皿加海砂、玻璃棒）的质量，g；

m_3——干燥后样品与称量瓶（或蒸发皿加海砂、玻璃棒）的质量，g；

m_1——称量瓶（或蒸发皿加海砂、玻璃棒）的质量，g。

七、注意事项

① 此法要求待测样品中的水分是唯一的挥发物质。
② 在实际应用中应该根据样品的实际情况适度调整压力和温度。
③ 一次不宜测定过多样品，否则较易影响测定结果的准确性。

蒸馏法

一、实验目的

1. 学习蒸馏法测定水分含量的原理。
2. 掌握蒸馏法测定水分含量的技术。

二、实验方法

蒸馏法。

三、实验原理

蒸馏法有多种形式。应用最广的蒸馏法为共沸蒸馏法，即互不相溶的有机溶剂和水构成的二元体系的沸点低于有机溶剂和水的沸点，可在较低的温度下将样品中的水分蒸馏出来。由于水和其他组分密度不同，馏出液在有刻度的接收管中分层，根据水的体积计算样品的水分含量。

四、适用范围

适用于含水量较多又有较多挥发性成分的水果、香辛料及调味品、肉与肉制品等食品中水分的测定。不适用于水分含量<1g/100g 的样品。

五、实验材料和仪器

甲苯、水分蒸馏仪、橡胶管、水浴锅、组织粉碎机、电热套、玻璃棒、分析天平（感量0.001g）。

六、实验步骤

① 称取 2～5g（精确至 0.001g）样品（固体样品粉碎）置于 250mL 水分蒸馏仪的烧瓶中，加入 50～70mL 甲苯使样品浸没。

② 连接蒸馏装置，再从冷凝管顶端加入甲苯使之装满水分接收管为止；徐徐加热蒸馏，至水分大部分蒸出后，再加快蒸馏速度，直至接收管刻度的水量不再增加为止。

③ 关闭热源，从冷凝管顶端加入少量甲苯洗涤蒸馏装置，直至水分蒸馏仪和冷凝管壁上不再发现水滴为止，读取接收管水层的体积。

④ 结果按下式进行计算：

$$X = \frac{V}{m} \times 100\%$$

式中 　X——水分质量分数，%；

　　　V——接收管中水层的体积，mL；

　　　m——样品的质量，g。

七、注意事项

① 样品用量以含水量 2～5mL 为宜。
② 温度不宜太高，否则冷凝管上端水汽难以全部回收。
③ 仪器必须洗涤干净，尽量避免接收管和冷凝管壁附着水滴。

卡尔-费休法

一、实验目的

1. 学习卡尔-费休法测定水分含量的原理。
2. 掌握卡尔-费休法测定水分含量的技术。

二、实验方法

卡尔-费休法。

三、实验原理

卡尔-费休法是一种以滴定法测定水分的化学分析方法。其原理基于水存在时碘与二氧化硫的氧化还原反应。

$$2H_2O + I_2 + SO_2 \longrightarrow 2HI + H_2SO_4$$

上述反应是可逆的。体系中加入了吡啶和甲醇，则使反应顺利进行。

$$C_5H_5N \cdot I_2 + C_5H_5N \cdot SO_2 + C_5H_5N + H_2O \longrightarrow 2C_5H_5N \cdot HI + C_5H_6N[SO_4CH_3]$$

用卡尔-费休法滴定水分终点，可用试剂本身中的碘作为指示剂，试液中有水存在时，呈淡黄色，接近终点时呈琥珀色，当刚出现微弱的黄棕色时，即为滴定终点，棕色表示有过量碘存在。

四、适用范围

适用于脱水果蔬、面粉、糖果、人造奶油、巧克力、糖蜜、茶叶、油脂、乳粉、炼乳等含微量水分的食品测定。不适用于含有氧化剂、还原剂、碱性氧化物、氢氧化物、碳酸盐、硼酸等食品中水分的测定。

五、实验材料和仪器

1. 材料

（1）无水甲醇　含水量在 0.05% 以下。

（2）无水吡啶　含水量在 0.1% 以下。

（3）碘　将碘置于硫酸干燥器内，干燥 48h 以上。

（4）卡尔-费休试剂　取无水吡啶 133mL 与碘 42.33g，置具塞烧瓶中，注意冷却，振摇至碘全部溶解后，加无水甲醇 333mL，称重。将烧瓶置冰盐浴充分冷却，通入经硫酸脱水的二氧化硫至重量增加 32g。密塞，摇匀。在暗处放置 24h 后标定。本试剂应避光，密封，置阴凉干燥处保存。每次临用前均需标定。

2. 仪器

卡尔-费休水分测定仪、分析天平（感量 0.001g）。

六、实验步骤

1. 对卡尔-费休试剂进行标定

在反应瓶中加一定体积（浸没铂电极）的甲醇，在搅拌下用卡尔-费休试剂滴定至终点。加入 10mg（精确至 0.001g）水，滴定至终点并记录卡尔-费休试剂的用量（V）。卡尔-费休试剂的滴定度按下式进行计算：

$$T = \frac{G}{V}$$

式中　T——卡尔-费休试剂的滴定度，mg/mL；

　　　G——水的质量，mg；

　　　V——滴定水消耗的卡尔-费休试剂用量，mL。

2. 称样

准确称取 0.3～0.5g 样品置于称量瓶中。

3. 水分测定

在卡尔-费休测定仪中加入 50mL 无水甲醇，使其完全浸没铂电极，用卡尔-费休试剂滴定 50mL 甲醇中的痕量水分，滴定至微安表指针的偏转程度与标定的卡尔-费休试剂操作中的偏转情况相当，保持 1min 不变。

打开加料口，迅速将称好的样品直接加入反应器中，立即塞上橡皮塞，开动电磁搅拌器，使样品中的水分完全被甲醇萃取，用卡尔-费休试剂滴定至原设定的终点，并保持 1min 不变，记录试剂的用量 V。

4. 结果计算

结果按下式进行计算：

$$X = \frac{TV}{1000m} \times 100\%$$

式中　X——样品中水分的质量分数，%；

　　　T——卡尔-费休试剂的滴定度，mg/mL；

　　　m——样品的质量，g；

　　　V——滴定所消耗的卡尔-费休试剂用量，mL。

七、注意事项

① 固体样品须事先粉碎至 40 目，粉碎过程防止水分损失。

② 样品溶剂可用甲醇或吡啶，这些无水试剂宜加入无水硫酸钠保存。

③ 香料等一些含有醛、酮的脱水产物，它与卡尔-费休试剂中的甲醇会发生反应而生成水。因而，用乙二醇甲醚代替卡尔-费休试剂中的甲醇，用甲酰胺作为样品的溶剂。

八、思考题

1. 常压干燥法测定食品中水分时，需要准备哪些必要的仪器？

2. 不同种类的食品样品在测定水分时，在制样和测定时应注意哪些问题？

3. 为什么要标定卡尔-费休试剂？

4. 水分测试主要误差来源有哪些？

实验四　食品水分活度的测定

在食品领域里，水分活度 A_w 是指食品中水分的饱和蒸汽压与相同温度下纯水的饱和蒸汽压之比，可用来表示食品中自由水的含量，反映食品中水分能够被微生物利用的程度，是食品质量控制的一个重要指标，也是食品安全的重要控制参数。水分活度反映了食品中水分的存在状态，即水分与其他非水组分的结合程度或游离程度。水分活度主要反映食品平衡状态下的有效水分（或称游离水），反映食品的稳定性和微生物繁殖的可能性，影响食品的色、香、味和组织结构等品质（如蛋白质变性、脂肪氧化、褐变及微生物活动等），以及能引起食品品质变化的化学、酶及物理变化的情况，常用于衡量微生物忍受干燥程度的能力。通过测试食品的水分活度，选择合理的包装和储藏方法，可以减少防腐剂的使用，并判断食品的货架期寿命。水分活度越高，结合程度越低，水分活度越低，结合程度越高，利用水分活度的测试，反映物质的保质期。在同种食品中，一般水分含量越高，水分活度值越大，但不同种食品即使水分含量相同，水分活度往往也不同。

康卫氏皿扩散法

一、实验目的

1. 进一步了解水分活度的概念和康卫氏皿扩散法测定水分活度的原理。
2. 学会康卫氏皿扩散法测定食品中水分活度的操作技术。

二、实验方法

康卫氏皿扩散法。

三、实验原理

食品中的水分都随环境条件的变动而变化。当环境空气的相对湿度低于食品的水分活度时，食品中的水分向空气中蒸发，食品的质量减轻；相反，当环境空气的相对湿度高于食品的水分活度时，食品就会从空气中吸收水分，使质量增加。不管是蒸发水分还是吸收水分，最终使食品和环境的水分达平衡时为止。据此原理，采用标准水分活度的试剂，形成相应湿度的空气环境，在密封和恒温条件下，观察食品试样在该空气环境中因水分变化而引起的质量变化。通常使试样分别在水分活度（A_w）较高、中等和较低的标准饱和盐溶液中扩散平衡后，根据试样质量的增加（即在较高 A_w 标准饱和盐溶液达到平衡）和减少（即在较低 A_w 标准饱和盐溶液达到平衡）的量，计算试样的 A_w 值。食品试样放在以此为相对湿度的空气中时，既不吸湿也不解吸，即其质量保持不变。

四、适用范围

适用于食品水分活度 0～0.98 的预包装谷物制品类、肉制品类、水产制品类、蜂产品类、薯类制品类、蔬菜制品类、乳粉、固体饮料的水分活度的测定。

五、实验材料和仪器

1. 材料

（1）氯化镁饱和溶液（水分活度为 0.328，25℃）　在易溶解的温度下，准确称取 150g 氯化镁，加入热水 200mL，冷却至形成固液两相的饱和溶液，贮于棕色试剂瓶中，常温下放置一周后使用。

（2）硝酸钾饱和溶液（水分活度为 0.936，25℃）　在易溶解的温度下，准确称取 120g 硝酸钾，加入热水 200mL，冷却至形成固液两相的饱和溶液，贮于棕色试剂瓶中，常温下放置一周后使用。

（3）氯化钠饱和溶液（水分活度为 0.753，25℃）　在易溶解的温度下，准确称取 100g 氯化钠，加入热水 200mL，冷却至形成固液两相的饱和溶液，贮于棕色试剂瓶中，常温下放置一周后使用。

2. 仪器

分析天平（感量 0.0001g）、电子天平（感量 0.1g）、康卫氏皿（带磨砂玻璃盖，图 3-2）、常压恒温干燥箱、硫酸纸。

六、实验步骤

① 加入饱和标准试剂分别在 3 个康卫氏皿的外室预先放入氯化镁、氯化钠、硝酸钾标准饱和盐溶液 5.0mL，通常选择 2～4 种标准饱和试剂，每只扩散皿装一种，其中各有 1～2 份饱和标准试剂 A_w 值大于和小于试样

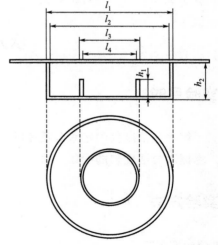

图 3-2　康卫氏皿

l_1—外室外直径，100mm；l_2—外室内直径，92mm；
l_3—内室外直径，53mm；l_4—内室内直径，45mm；
h_1—内室高度，10mm；h_2—外室高度，25mm

的 A_w 值。

② 在预先准确称量过的小玻璃皿中，准确称取约 1.0g 均匀切碎的样品，迅速放入康卫氏皿的内室中，记下小玻璃皿和样品的总重量。

③ 在康卫氏皿磨口边缘均匀涂上真空脂或凡士林，样品放入后，迅速加盖密封，并移至（25.0±0.5）℃的恒温箱中放置（2.0±0.5)h（绝大多数样品可在 2h 后测得 A_w）。

④ 称量样品平衡完毕，取出铝皿或玻璃皿，用分析天平迅速称量。再次平衡 0.5h 后，称量，直至恒重。分别计算各样品的质量增减数。将数据记录于表 3-5。

表 3-5 样品质量记录表

样品质量初读数/g	2h 后样品质量/g	2.5h 后样品质量/g	样品质量增减数/mg

⑤ 以各种标准盐的饱和溶液在 25℃时的水分活度值为横坐标，被测样品的增减重量为纵坐标作图，并将各点连接成一条直线，该直线与横轴的交点即为所测样品的水分活度（A_w 值）。

七、注意事项

① 取样要均匀，称样要迅速，样品测定确保在同一条件下进行。每个样品测定时应做平行试验。

② 米饭类、油脂类、油浸烟熏鱼类需要 4d 左右时间才能完成测定，需加入样品量 0.2% 的山梨酸钾防腐，测定时以山梨酸钾的水溶液做空白对照。

③ 康卫氏皿应具有良好的密封性。

水分活度仪法

水分活度测定

一、实验目的

1. 了解水分活度仪测定水分活度的原理。
2. 掌握水分活度仪的操作方法。

二、实验方法

水分活度仪法。

三、实验原理

在密闭、恒温的水分活度仪测量舱内，试样中的水分扩散平衡。此时水分活度仪

（图 3-3）测量舱内的传感器或数字化探头显示出的响应值（相对湿度对应的数值）即为样品的水分活度（A_w）。

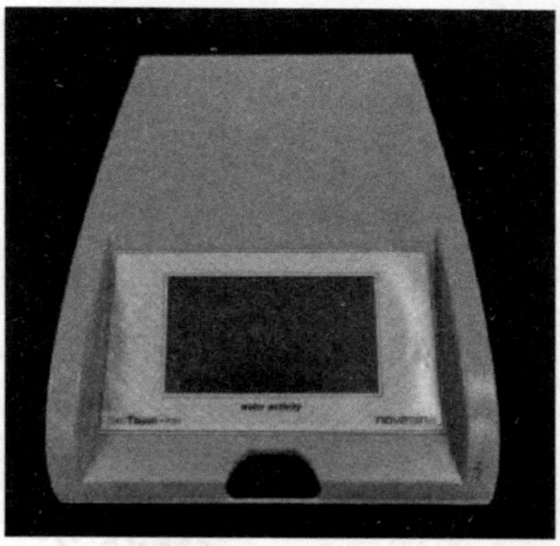

四、适用范围

适用范围同康卫氏皿扩散法，适用食品水分活度为 $0.60 \sim 0.90$。

五、实验仪器

水分活度仪、天平（感量为 0.01g）、样品皿。

六、实验步骤

① 在主屏幕按"chamber settings"，然后选择"temperature control"设定所需温度，该温度需比实验室温度高 2℃。

② 将适量的标准品放入测量室，关闭并等待 45min。在主屏幕按"chamber settings"，选择"sensor calibration"，点击"calibrate sensor"对仪器进行校准。实验所提供的标准品的水分活度值如表 3-6 所示。

表 3-6　标准品水分活度对应值

标准品	水分活度（A_w）			
	15℃	20℃	25℃	30℃
$MgCl_2$	0.333	0.331	0.328	0.324
NaBr	0.607	0.591	0.576	0.560
NaCl	0.756	0.755	0.753	0.751
KCl	0.859	0.851	0.843	0.836

③ 称取约 1g（精确至 0.01g）样品放入测量室，盖上盖子，按下开始按钮。当 LED 显示灯为绿色表示测量完成。同一样品重复测定 3 次。

七、注意事项

① 不经常使用时，测量室应放置干燥剂保持干燥。

② 测定时切勿使表头粘上样品盒内样品。

1. 水分活度的测定方法有哪些？分别说明其测定步骤。
2. 简述食品水分活度的概念及测定水分活度的意义。
3. 影响康卫氏皿扩散法测定食品水分活度实验准确性的因素有哪些？

实验五　食品中灰分的测定

灰分是表示食品中无机成分总量的一项指标。食品经灼烧后，并在（600±50）℃高温炉内至有机物完全炭化后所残留的无机物质称为总灰分，称量残留物的质量即可计算出样品中的总灰分。总灰分包括水不溶性灰分、水溶性灰分、酸溶性灰分、酸不溶性灰分。此外，在规定条件下，总灰分溶于水的部分称为水溶性灰分，用水处理后残留的部分称为水不溶性灰分。水溶性灰分主要是可溶性的钾、钠、钙等的氧化物和盐类，水不溶性灰分主要是污染的泥沙和铁、铝、镁等氧化物及碱土金属的碱式磷酸盐，酸不溶性灰分主要是污染的沙和食品中原来存在的微量氧化硅等物质。

一、实验目的

1. 学习食品中总灰分含量测定的意义与原理。
2. 掌握灼烧重量法测定灰分的操作技术及不同样品前处理方法的选择。
3. 了解不同灰分的测试方法。

二、实验方法

灼烧称重法。

三、实验原理

把一定量的样品炭化后置于 500~600℃ 高温炉内灼烧，样品中的水分及挥发性物质以气态释放出，有机物质被氧化分解成二氧化碳、氮的氧化物及水等形式逸出，而无机物以硫酸盐、磷酸盐、碳酸盐、氯化物等无机盐和金属氧化物的形式残留下来，这些残留物即为灰分，对其称重、计算可得灰分含量。用热水提取总灰分，经无灰滤纸过滤，灼烧、称量残留物，测得水不溶性灰分。而用盐酸溶液处理总灰分，过滤、灼烧并称量灼烧后残留物即为酸不溶性灰分。

四、适用范围

适用于各类食品中灰分的测定。

五、实验材料和仪器

1. 材料

（1）标记试剂　三氯化铁溶液（5g/L），称取 0.5g 三氯化铁（分析纯）溶于 100mL 蓝黑墨水中。取洁净干燥的瓷坩埚，用蘸有三氯化铁蓝黑墨水溶液的毛笔在坩埚上编号，然后将编号坩埚放入马弗炉内灼烧 30～60min，冷却至 200℃ 以下。

（2）乙酸镁溶液（80g/L）　称取 8.0g 乙酸镁加水溶解并定容至 100mL，混匀。

（3）乙酸镁溶液（240g/L）　称取 24.0g 乙酸镁加水溶解并定容至 100mL，混匀。

2. 仪器

马弗炉（高温炉）、分析天平（感量 0.0001g）、瓷坩埚（高型，容量 50mL、100mL）、坩埚钳、干燥器（内装有效的变色硅胶）、电热板、水浴锅、无灰滤纸、表面皿（直径 60mm）。

六、实验步骤

1. 坩埚处理

取实验用的适宜大小的瓷坩埚用盐酸（1∶4）煮沸洗净后置于高温炉中，在 600℃ 下灼烧 0.5h，冷却至 200℃ 以下后取出，放入干燥器中冷却至室温，并重复灼烧、冷却、精密称量至恒重（前后两次质量差不超过 0.0002g）。

2. 食品中总灰分含量测定

（1）称样　通常固体样品称样 2～3g（精确至 0.0001g），液体样品为 5～10g（精确至 0.0001g）。考虑不同的食品中灰分含量差异较大，可根据灰分量 10～100mg 来决定取样量。例如，乳粉、大豆粉、调味料、鱼类及海产品等取 1～2g，粮食及油料取 2～3g，谷类食品、肉及肉制品、糕点、牛乳取 3～5g，蔬菜及其制品、糖及糖制品、淀粉及淀粉制品、奶油、蜂蜜等取 5～10g，水果及其制品取 20g。

对于各种样品应取多少克应根据样品种类而定。也可参照灰分大于或等于 10g/100g 的试样称取 2～3g（精确至 0.0001g），灰分小于 10g/100g 的试样称取 3～10g（精确至

0.0001g)。

（2）实验数据　记录于表 3-7。

表 3-7　实验数据记录

称量/g	第一次	第二次	第三次	结果
坩埚质量 m_2				
坩埚和样品的质量 m_3				
坩埚和灰分的质量 m_1				
氧化镁的质量 m_0				
备注				

（3）结果计算

$$X = \frac{m_1 - m_2 - m_0}{m_3 - m_2} \times 100\%$$

式中　X——样品中灰分的含量，%；

m_0——氧化镁（乙酸镁灼烧后生成物）的质量，g；

m_1——坩埚和灰分的质量，g；

m_2——坩埚的质量，g；

m_3——坩埚和样品的质量，g。

试样中灰分含量≥10g/100g 时，保留 3 位有效数字；试样中灰分含量<10g/100g 时，保留 2 位有效数字。

3. 食品中水溶性灰分和水不溶性灰分的测定

（1）测定　用 25mL 热蒸馏水将灰分从坩埚中洗入 100mL 烧杯中，加热至微沸（防溅），趁热用无灰滤纸过滤，用热蒸馏水分次洗涤烧杯和滤纸上的残留物，直至滤液和洗涤液体积达 150mL 为止。将滤纸连同残留物移入原坩埚中，在沸水浴上小心地蒸去水分，移入高温炉（马弗炉）内，以（550±25）℃灼烧至灰中无炭粒（约 1h），待炉温降至 200℃左右时，取出坩埚放入干燥器内冷却至室温称量。再移入高温炉内灼烧 30min，冷却并称量。重复该操作，直至连续两次称量差不超过 0.5mg 为止，即为恒重，以最小称量为准。必要时，保留水不溶性灰分供测定酸不溶性灰分，保留滤液（水溶性灰分）供测定水溶性灰分碱度。

（2）结果计算　水溶性灰分以干物质计。

$$水不溶性灰分 = \frac{M_1 - M_2}{M_0 - M_2} \times 100\%$$

式中　M_1——坩埚和水不溶性灰分的质量，g；

M_2——坩埚的质量，g；

M_0——坩埚和试样的质量，g。

$$水溶性灰分 = \frac{M_3 - M_4}{M_5 \times \omega} \times 100\%$$

式中　M_3——总灰分的质量，g；

　　　M_4——水不溶性灰分的质量，g；

　　　M_5——试样的质量，g；

　　　ω——试样干物质含量（质量分数），%。

灰分和水不溶性灰分的质量之差即为可溶性灰分。

注：如果符合重复性的要求，取两次测定的算术平均值作为结果。

重复性：同一样品的两次测定值之差，每100g试样不得超过0.2g。

4. 食品中酸不溶性灰分的测定

（1）测定　用25mL 10%盐酸溶液将总灰分或水不溶性灰分从坩埚中分次洗入100mL烧杯中，盖上表面皿，在沸水浴上小心加热，至溶液由混浊变为透明时，继续加热5min。趁热用无灰滤纸过滤，用热蒸馏水洗涤烧杯和滤纸上的残留物，至洗液呈中性为止（约150mL）。将滤纸连同残渣移入原坩埚内，在沸水浴上小心蒸去水分，移入高温炉内，以（550±25）℃灼烧至无炭粒为止（约1h），待炉温降至200℃左右时，取出坩埚，于干燥器内冷却至室温，称量。再移入高温炉内灼烧30min，冷却并称量，直至恒重。

（2）结果计算

$$酸不溶性灰分 = \frac{M_1 - M_2}{M_0 \times \omega} \times 100\%$$

式中　M_1——坩埚和酸不溶性灰分的质量，g；

　　　M_2——坩埚的质量，g；

　　　M_0——试样的质量，g；

　　　ω——试样干物质含量（质量分数），%。

如果符合重复性的要求，取两次测定的算术平均值作为结果。

七、样品炭化前预处理说明

对于一些不能直接烘干的样品首先进行预处理才能烘干。

1. 一般食品

液体和半固体试样应先在沸水浴上蒸干，不能用马弗炉直接烘，否则样品沸腾会飞溅，使样品损失，影响结果。固体或蒸干后的试样，先在电热板上以小火加热，使试样充分炭化至无烟，然后置于马弗炉中，（550±25）℃灼烧4h。冷却至200℃左右，取出，放入干燥器中冷却30min，称量前如发现灼烧残渣有炭粒时，应向试样中滴入少许水湿润，使结块松散，蒸干水分再次灼烧至无炭粒即表示灰化完全，方可称量。重复灼烧至前后两次称量相差不超过0.5mg为恒重。

2. 果蔬、动物组织等含水分较多的样品

先制备均匀的试样，准确称取适量样品至已知质量的瓷坩埚中，置烘箱中干燥，再在电炉上炭化后放至马弗炉中灼烧，也可取测定水分后的干燥样品直接进行炭化灼烧。

3. 谷类、豆类等含水分较少的固体样品

先粉碎成均一的试样，再准确称取适量的试样于已知质量的坩埚中炭化。

4. 含磷量较高的豆类及其制品、肉禽制品、蛋制品、水产品、乳及乳制品

称取试样后，加入 1.00mL 乙酸镁溶液（240g/L）或 3.00mL 乙酸镁溶液（80g/L），使试样完全润湿。放置 10min 后，在水浴上将水分蒸干后，先在电热板上以小火加热使试样充分炭化至无烟，然后置于马弗炉中，（550±25）℃灼烧 4h。

5. 富含脂肪的样品

称取均匀样品置于坩埚中炭化。

6. 空白试验

吸取 3 份与上述浓度和体积相同的乙酸镁溶液，做 3 次空白试验。当 3 次试验结果的标准偏差小于 0.003g 时，取算术平均值作为空白值。若标准偏差超过 0.003g，应重新做空白试验。

7. 灰化温度

灰化温度的高低对灰分测定结果影响很大，由于各种食品中无机成分的组成、性质及含量各不相同，灰化的温度会因样品不同而有差异，大体是果蔬制品、肉制品、糖制品不大于 525℃；谷物、乳制品（除奶油外）、鱼、海产品、酒类不大于 525℃，个别样品（如谷类饲料）可以达到 600℃。灰化温度过高，造成无机物（$NaCl$、KCl）损失。也就是说，增加灰化温度，就增加了 KCl 的挥发损失，$CaCO_3$ 则变成 CaO，磷酸盐熔融，然后包住炭粒，使炭粒无法氧化。灰化温度过低，则灰化速度慢、时间长，不易灰化完全，也不利于除去过剩的碱（碱性食品）吸收的二氧化碳。

8. 灰化时间

对于一般样品，并不规定时间，一般以灼烧至灰分呈白色或浅灰色，无炭粒存在并达到恒重为止。灰化至达到恒重的时间因试样不同而异，一般需 2～5h。通常根据经验灰化一定时间后，观察一次残灰的颜色，以确定第一次取出的时间，取出后冷却、称重，再放入炉中灼烧，直至达恒重。但对谷类饲料和茎秆饲料，则有灰化时间的规定，需在 600℃灰化灼烧 2h。对有些样品，即使灰分完全，残灰也不一定呈白色或浅灰色。例如，铁含量高的食品，残灰呈褐色；锰、铜含量高的食品，残灰呈蓝绿色。有时即使灰的表面呈白色，内部仍残留有炭粒。因此，应根据样品的组成、性状注意观察残灰的颜色，正确判断灰化程度。

9. 对于难以灰化的样品的处理方法

（1）改变操作方法　样品初步灼烧后，取出坩埚，冷却。加入少量的水，用玻璃棒研碎，使水溶性盐类溶解，此时，被熔融磷酸盐所包裹住的炭粒，重新游离而出。小心蒸去水分，干燥后再进行灼烧，必要时重复上述操作。或者，样品炭化后，冷却。以少量热水浸出可溶性灰分，以无灰滤纸过滤，抽干。将残留物连同滤纸置于坩埚中，先在 150～200℃ 烘干后再进行灼烧。冷却后，把滤液并入坩埚中，置水浴上蒸去水分，再灼烧，冷却，称重。这种方法适用于可溶性灰分较多的样品。

（2）添加硝酸、乙醇、碳酸铵、过氧化氢　这类物质在灼烧后完全消失，不致增加残留灰分的重量。例如，样品初步灼烧后，若灰分中杂有炭粒，冷却后，可逐滴加入硝酸（1:1）4～5 滴，以加速灰化。

（3）添加醋酸镁、硝酸镁、氧化镁、碳酸钙等助灰化剂　这类镁盐随着灰化的进行而分解，与过剩的磷酸结合，残灰不熔融而呈松散状态，避免炭粒被包裹，以便缩短灰化时间。该方法应做空白试验，以校正加入的镁盐灼烧后分解产生 MgO 的量。

八、注意事项

① 样品炭化时要注意热源强度，防止产生大量泡沫溢出坩埚，造成实验误差。糖分、淀粉、蛋白质含量较高的样品，为防止泡沫溢出，炭化前可加数滴纯净植物油。

② 灼烧空坩埚与灼烧样品的条件应尽量一致，以消除系统误差。

③ 把坩埚放入马弗炉或从马弗炉中取出时，要在炉口停留片刻，使坩埚预热或冷却，防止因温度骤然变化而使坩埚破裂。

④ 灼烧后的坩埚应冷却到 200℃ 以下再移入干燥器中，否则因强热冷空气的瞬间对流作用，易造成残灰飞散；而且过热的坩埚放入干燥器，冷却后干燥器内形成较大真空，盖子不易打开。

⑤ 新坩埚使用前须在 1:1 盐酸溶液中煮沸 1h，用水冲净烘干，经高温灼烧至恒重后使用。用过的旧坩埚经初步清洗后，可用废盐酸浸泡 20min，再用水冲洗干净。

⑥ 样品灼烧温度不能超过 600℃，否则钾、钠、氯等易挥发造成误差。样品经灼烧后，若中间仍包裹炭粒，可滴加少许水，使结块松散，蒸出水分后再继续灼烧至灰化完全。

⑦ 对较难灰化的样品，可添加硝酸、过氧化氢、碳酸铵等，这类物质在灼烧后完全消失，不增加残灰的质量，仅起到加速灰化的作用。例如，若灰分中夹杂炭粒，向冷却的样品滴加硝酸（1:1）使之湿润，蒸干后再灼烧。

⑧ 反复灼烧至恒重是判断灰化是否完全最可靠的方法。因为有些样品即使灰化完全，残灰也不一定是白色或灰白色。例如，铁含量高的食品，残灰呈褐色；锰、铜含量高的食品，残灰呈蓝绿色。反之，未灰化完全的样品，表面呈白色的灰，但内部仍夹杂有炭粒。

⑨ 湿的液体样品（牛乳、果汁）需准确称取适量的试样于已知质量的瓷坩埚中，先在水浴锅中蒸干除去水分，再进行炭化灼烧。不能用马弗炉直接烘，否则样品沸腾会飞溅，使

样品损失，影响结果。

九、思考题

1. 简述测定食品灰分的意义。
2. 灰分测定的基本实验步骤及操作注意事项是什么？
3. 判断样品是否灰化完全的方法有哪些？

实验六　食品中微量元素的测定

随着人们生活水平的提高，对日常饮食要求也越来越高，不仅关注其营养成分和有益元素，同时也开始注意其微量元素对人体的影响。乳粉是人们日常生活中离不开的食品，其中含有的微量元素很多，但含量往往都极微。食品中测定微量元素多采用火焰原子吸收光谱法、电感耦合等离子体发射光谱法和电感耦合等离子体质谱法等测定方法。

一、实验目的

掌握火焰原子吸收光谱法测定食品中微量元素的方法与原理。

二、实验原理

试样经消解处理后，注入原子吸收光谱仪中，火焰原子化后钾、钠分别吸收 766.5nm、589.0nm 共振线，在一定浓度范围内，其吸收值与钾、钠含量成正比，与标准系列比较定量。

三、适用范围

本方法适用于食品中钾、钠的测定。

四、实验材料和仪器

1. 试剂

① 硝酸（HNO_3）。

② 氯化铯（CsCl）。

③ 高氯酸（$HClO_4$）。

2. 试剂配制

① 混合酸[高氯酸：硝酸（1：9）]：取 100mL 高氯酸，缓慢加入 900mL 硝酸中，混匀。

② 硝酸溶液（1：99）：取 10mL 硝酸，缓慢加入 990mL 水中，混匀。

③ 氯化铯溶液（50g/L）：将 5.0g 氯化铯溶于水，用水稀释至 100mL。

3. 标准品

① 氯化钾标准品（KCl）：纯度大于 99.99％。

② 氯化钠标准品（NaCl）：纯度大于 99.99％。

4. 标准溶液配制

① 钾、钠标准储备液（1000mg/L）：将氯化钾或氯化钠于烘箱中 110～120℃ 干燥 2h。精确称取 1.9068g 氯化钾或 2.5421g 氯化钠，分别溶于水中，并移入 1000mL 容量瓶中，稀释至刻度，混匀，贮存于聚乙烯瓶内，4℃ 保存，或使用经国家认证并授予标准物质证书的标准溶液。

② 钾、钠标准工作液（100mg/L）：准确吸取 10.0mL 钾或钠标准储备溶液于 100mL 容量瓶中，用水稀释至刻度，贮存于聚乙烯瓶中，4℃ 保存。

③ 钾、钠标准系列工作液：准确吸取 0mL、0.1mL、0.5mL、1.0mL、2.0mL、4.0mL 钾标准工作液于 100mL 容量瓶中，加氯化铯溶液 4mL，用水定容至刻度，混匀。此标准系列工作液中钾质量浓度分别为 0mg/L、0.100mg/L、0.500mg/L、1.00mg/L、2.00mg/L、4.00mg/L，亦可依据实际样品溶液中钾浓度，适当调整标准溶液浓度范围。准确吸取 0mL、0.5mL、1.0mL、2.0mL、3.0mL、4.0mL 钠标准工作液于 100mL 容量瓶中，加氯化铯溶液 4mL，用水定容至刻度，混匀。此标准系列工作液中钠质量浓度分别为 0mg/L、0.500mg/L、1.00mg/L、2.00mg/L、3.00mg/L、4.00mg/L，亦可依据实际样品溶液中钠浓度，适当调整标准溶液浓度范围。

5. 仪器和设备

① 原子吸收光谱仪，配有火焰原子化器及钾、钠空心阴极灯。

② 分析天平：感量为 0.1mg 和 1.0mg。

③ 分析用钢瓶乙炔气和空气压缩机。

④ 样品粉碎设备：匀浆机、高速粉碎机。

⑤ 马弗炉。

⑥ 可调式控温电热板。

⑦ 可调式控温电热炉。

⑧ 微波消解仪，配有聚四氟乙烯消解内罐。

五、实验步骤

1.试样制备

（1）固态样品

① 干样：豆类、谷物、菌类、茶叶、干制水果、焙烤食品等低含水量样品，取可食部分，必要时经高速粉碎机粉碎均匀；对于固体乳制品、蛋白粉、面粉等呈均匀状的粉状样品，摇匀。

② 鲜样：蔬菜、水果、水产品等高含水量样品必要时洗净，晾干，取可食部分匀浆均匀；对于肉类、蛋类等样品取可食部分匀浆均匀。

③ 速冻及罐头食品：经解冻的速冻食品及罐头样品，取可食部分匀浆均匀。

（2）液态样品　软饮料、调味品等样品摇匀。

（3）半固态样品　搅拌均匀。

2.试样消解

（1）微波消解法　称取 0.2～0.5g（精确至 0.001g）试样于微波消解内罐中，含乙醇或二氧化碳的样品先在电热板上低温加热除去乙醇或二氧化碳，加入 5～10mL 硝酸，加盖放置 1h 或过夜，旋紧外罐，置于微波消解仪中进行消解。冷却后取出内罐，置于可调式控温电热炉上，于 120～140℃赶酸至近干，用水定容至 25mL 或 50mL，混匀备用。同时做空白试验。

（2）压力罐消解法　称取 0.3～1g（精确至 0.001g）试样于聚四氟乙烯压力消解内罐中，含乙醇或二氧化碳的样品先在电热板上低温加热除去乙醇或二氧化碳，加入 5mL 硝酸，加盖放置 1h 或过夜，旋紧外罐，置于恒温干燥箱中进行消解。冷却后取出内罐，置于可调式控温电热板上，于 120～140℃赶酸至近干，用水定容至 25mL 或 50mL，混匀备用。同时做空白试验。

（3）湿式消解法　称取 0.5～5g（精确至 0.001g）试样于玻璃或聚四氟乙烯消解器皿中，含乙醇或二氧化碳的样品先在电热板上低温加热除去乙醇或二氧化碳，加入 10mL 混合酸，加盖放置 1h 或过夜，置于可调式控温电热板或电热炉上消解，若变棕黑色，冷却后再加混合酸，直至冒白烟，消化液呈无色透明或略带黄色，冷却，用水定容至 25mL 或 50mL，混匀备用。同时做空白试验。

（4）干式消解法　称取 0.5～5g（精确至 0.001g）试样于坩埚中，在电炉上微火炭化至无烟，置于（525±25）℃马弗炉中灰化 5～8h，冷却。若灰化不彻底有黑色炭粒，则冷却后滴加少许硝酸湿润，在电热板上干燥后，移入马弗炉中继续灰化成白色灰烬，冷却至室温取出，用硝酸溶液溶解，并用水定容至 25mL 或 50mL，混匀备用。同时做空白试验。

3. 标准曲线的制作

分别将钾、钠标准系列工作液注入原子吸收光谱仪中，测定吸光度值，以标准工作液的浓度为横坐标，吸光度值为纵坐标，绘制标准曲线。

4. 试样溶液的测定

根据试样溶液中被测元素的含量，需要时将试样溶液用水稀释至适当浓度，并在空白溶液和试样最终测定液中加入一定量的氯化铯溶液，使氯化铯浓度达到 0.2%。于测定标准曲线工作液相同的实验条件下，将空白溶液和测定液注入原子吸收光谱仪中，分别测定钾或钠的吸光值，根据标准曲线得到待测液中钾或钠的浓度。

5. 分析结果的表述

试样中钾、钠含量按照下式计算：

$$X = \frac{(\rho - \rho_0) \times V \times f \times 100}{m \times 1000}$$

式中　　X——试样中被测元素含量，mg/100g 或 mg/100mL；

　　　　ρ——测定液中元素的质量浓度，mg/L；

　　　　ρ_0——测定空白试液中元素的质量浓度，mg/L；

　　　　V——样液体积，mL；

　　　　f——样液稀释倍数；

　100、1000——换算系数；

　　　　m——试样的质量或体积，g 或 mL。

注：计算结果以重复性条件下获得的两次独立测定结果的算术平均值表示，含量小于 1mg/kg，结果保留两位有效数字；含量大于 1mg/kg，结果保留三位有效数字。

6. 精密度

样品中各元素含量大于 1mg/kg 时，在重复性条件下获得的两次独立测定结果的绝对差值不得超过算术平均值的 10%；（0.1~1.0）mg/kg 时，在重复性条件下获得的两次独立测定结果的绝对差值不得超过算术平均值的 15%；小于等于 0.1mg/kg 时，在重复性条件下获得的两次独立测定结果的绝对差值不得超过算术平均值的 20%。

7. 其他

以取样量 0.5g、定容至 25mL 计，本方法钾的检出限为 0.2mg/100g，定量限为 0.5mg/100g；钠的检出限为 0.8mg/100g，定量限为 3mg/100g。

实验七
甜炼乳中乳糖和蔗糖的测定
（莱因-埃农氏法）

甜炼乳中含有还原性的乳糖及不具还原性的蔗糖，将样品溶解去除蛋白质后，根据直接滴定法测定还原糖的原理，可直接测定乳糖。蔗糖不具还原性，可根据总糖测定原理，用酸水解，测出水解前后转化糖量，可求出蔗糖含量。

一、实验目的

1. 掌握斐林试剂热滴定法测还原糖的原理和测定方法。
2. 了解食品中总糖、还原糖及非还原糖的含量测定。

二、实验方法

莱因-埃农氏法测定甜炼乳中还原性糖及非还原性糖的含量。

三、实验原理

斐林试剂甲、乙液混合时，生成天蓝色的氢氧化铜沉淀，立即与酒石酸钾钠起反应，生成酒石酸钾钠铜配合物。

酒石酸钾钠铜被还原糖还原，生成红色的氧化亚铜沉淀，待二价铜全部被还原后，稍微过量的转化糖将蓝色的次甲基蓝还原为无色，终点时，而显示出氧化亚铜的鲜红色。

$$CuSO_4 + 2NaOH \longrightarrow 2Cu(OH)_2 \downarrow + Na_2SO_4$$

$$Cu(OH)_2 + \begin{array}{c} CH(OH)COONa \\ | \\ CH(OH)COOK \end{array} \longrightarrow Cu \begin{array}{c} OHCCOONa \\ | \\ OHCCOOK \end{array} + 2H_2O$$

$$\begin{array}{c} CHO \\ | \\ (CHOH)_4 \\ | \\ CH_2OH \end{array} + 2Cu \begin{array}{c} OHCCOONa \\ | \\ OHCCOOK \end{array} + 2H_2O \longrightarrow \begin{array}{c} COOH \\ | \\ (CHOH)_4 \\ | \\ CH_2OH \end{array} + 2 \begin{array}{c} CH(OH)COONa \\ | \\ CH(OH)COOK \end{array} + Cu_2O \downarrow$$

$$次甲基蓝（氧化型，蓝色） \underset{氧化}{\overset{还原}{\rightleftharpoons}} 次甲基蓝（还原型，无色）$$

四、实验材料和仪器

1. 材料

（1）斐林试剂甲液　溶解 69.82g 分析纯硫酸铜（$CuSO_4 \cdot 5H_2O$）于煮沸过的水中，稀释定容至 1000mL。

（2）斐林试剂乙液　溶解 346g 分析纯酒石酸钾钠和 100g 分析纯氢氧化钠于煮沸过的水中，稀释定容至 1000mL。

（3）1％次甲基蓝指示剂

（4）30％氢氧化钠溶液

（5）乙酸锌溶液　称取 21.9g 醋酸锌［$Zn(C_2H_3O_2)_2 \cdot 2H_2O$］和 3mL 冰乙酸溶于水中，稀释至 100mL。

（6）亚铁氰化钾溶液　称取 10.6g 结晶亚铁氰化钾溶于水中，稀释至 100mL。

（7）甲基红（0.1％）

2. 仪器

水浴锅、天平（感量 0.1mg）、电炉、酸式滴定管、250mL 锥形瓶、250mL 容量瓶、100mL 容量瓶、50mL 移液管、5mL 移液管、15mL 移液管、称量瓶、滤纸、三角漏斗、漏斗架。

五、实验步骤

1. 蔗糖转化系数的标定

（1）斐林溶液的蔗糖转化系数的标定　准确称取经烘干冷却的分析纯蔗糖 1.30～1.40g（精确至 0.01g），用蒸馏水溶解并移入 250mL 容量瓶中，加水至刻度，摇匀。吸取此液 50mL 于 100mL 容量瓶中，加浓盐酸 5mL，摇匀。置水浴中加热，使溶液在 2～2.5min 内升温至 67～69℃，保持 7.5～8min，使全部加热时间为 10min。取出迅速冷却至室温。以甲基红为指示剂用 30％氢氧化钠溶液中和，加水至刻度，摇匀，注入滴定管中（必要时过滤）。

（2）预滴定　分别准确吸取斐林试剂甲、乙液各 5.0mL 于 250mL 锥形瓶中，加蒸馏水 15mL，放置电炉上加热至沸腾，并保持微沸 2min，加入 1％次甲基蓝指示剂 2 滴，继续用配制好的糖液滴定至蓝色褪尽显红色为终点，此滴定操作需在 1min 内完成。

（3）正式滴定　分别准确吸取斐林试剂甲、乙液各 5.0mL 于 250mL 锥形瓶中，加蒸馏水 15mL，再从滴定管中预先加入比预滴定时少 0.5mL 的糖液，摇匀，于电炉上加热至沸腾，并保持微沸 2min，加 2 滴 1％次甲基蓝指示剂，继续用糖液滴定至蓝色消失，此滴定操作需在 1min 内完成。

（4）计算　按下式计算其浓度：

$$A = \frac{WV}{500 \times 0.95}$$

式中　A——相当于 10mL 斐林试剂甲和乙混合液转化糖的量，mg；

W——称取的纯蔗糖的量，g；

V——滴定时消耗糖液的量，mL；

500——稀释比；

0.95——换算系数（0.95g 蔗糖可转化为 1g 转化糖）。

2. 乳糖（还原糖）的测定

（1）溶解　称取 5g 甜炼乳（精确至 0.001g），用 100mL 水分数次溶解，并洗入 250mL 容量瓶，加入乙酸锌溶液 5mL 和亚铁氰化钾溶液 5mL。每次加入试剂时要徐徐加入，并摇动容量瓶，加水至刻度混匀，静置数分钟后过滤，弃去最初的 25mL 滤液，滤去沉淀后，滤液作滴定用。

（2）粗滴定　吸取斐林试剂甲、乙液各 5mL 于 250mL 锥形瓶中，在滴定管中加入待测样液，先加入约 15mL 样液于斐林试剂中，再加入 15mL 蒸馏水置电炉上加热至沸腾，保持微沸 2min。加入次甲基蓝 2 滴，继续徐徐加入样品溶液，待蓝色完全褪尽，即为终点，此滴定操作需在 1min 完成。读取所用样液的体积（V_1）。

（3）正式滴定　吸取斐林试剂甲、乙液 5mL，从滴定管中加入比上述定量（V_1）少 0.5～1.0mL 的样品溶液，再加入 15mL 蒸馏水置电炉上加热至沸腾，保持微沸 2min，加入次甲基蓝指示剂 3 滴，继续滴入样品液，待蓝色褪尽，即为终点，此滴定操作需在 1min 内完成。以此滴定量作为计算依据。

（4）计算

$$乳糖(g/100g) = \frac{F \times K_f}{W \times \dfrac{U_1}{V} \times 1000} \times 100$$

式中　F——还原糖因数，即与 10mL 斐林试液相当的还原糖毫克数，可通过消耗样液毫升数对应于表 3-8 中查得所得乳糖数；若蔗糖的含量和乳糖含量的比超过 3∶1 时，则在滴定量中加上表 3-9 的校正数后计算（一般甜炼乳需校正）；

V——样品试液总体积，mL；

U_1——样品试液滴定量，mL；

W——样品的重量，g；

K_f——斐林试剂浓度校正系数，K_f＝实际滴定量/从表 3-8 查得的滴定量，如允许有 1% 的测定误差，则可省略这项校正。

3. 蔗糖（非还原糖）的测定

（1）转化前转化糖的测定计算　利用滴定乳糖时的滴定量查出其相应的转化糖因数加上校正数，算出转化前转化糖量（乳糖）。

$$L_1 \text{转化前转化糖量} = \frac{F \times K_f}{W \times \dfrac{U_1}{V} \times 1000} \times 100$$

式中　L_1——每 100 毫升样品溶液转化糖毫克数，g/100g；

$\qquad$ F——还原糖因数；

$\qquad$ V——样品试液总体积，mL；

$\qquad$ W——样品的重量，g；

$\qquad$ U_1——转化前样品试液滴定量，mL；

$\qquad$ K_f——斐林试剂浓度校正系数。

（2）样品溶液转化后总糖滴定　吸取 25mL 样品溶液于 100mL 容量瓶中，加入 25mL 蒸馏水，再滴加 5mL 浓盐酸，置于 70% 水浴中，时时摇动，使在 2.5～2.75min 内升温至 67℃。继续在 70℃ 水浴 5min，然后浸入 20℃ 的冷水中。当冷却至 35℃ 时，以甲基红为指示剂，加入 30% 氢氧化钠溶液使呈中性（颜色变黄），加水至刻度，保持在 20℃ 水中半小时后滴定。滴定方法也分两次，与上述测蔗糖时相同（此项滴定量为转化后滴定量）。

（3）转化后转化糖计算

$$L_2 \text{转化后转化糖（总糖）的量}(\text{g/100g}) = \frac{A \times K_f}{W \times \text{稀释比} \times U_2 \times 1000} \times 100$$

式中　A——相当于 10mL 斐林试剂甲和乙混合液转化糖的量，mg；

$\qquad$ W——样品的重量，g；

$\qquad$ U_2——转化后样品试液滴定量，mL；

$\qquad$ K_f——斐林试剂浓度校正系数。

（4）蔗糖

蔗糖量(g/100g)＝（转化后转化糖量－转化前转化糖量）×0.95＝$(L_2 - L_1) \times 0.95$

式中　L_2——转化后转化糖的含量，g/100g；

$\qquad$ L_1——转化前转化糖的含量，g/100g。

六、注意事项

1. 在糖类分析中澄清剂较常用的种类

① 中性乙酸铅 $[Pb(CH_3COO)_2 \cdot 3H_2O]$：这是最常用的一种澄清剂。铅离子能与很多离子结合，生成难溶沉淀物，同时吸附除去部分杂质。它能除去蛋白质、果胶、有机酸、单宁等杂质。它的作用可靠，不会沉淀样液中的还原糖，在室温下也不会形成铅糖化合物，因而适用于测定还原糖样液的澄清。

② 乙酸锌和亚铁氰化钾溶液：它是利用乙酸锌 $[Zn(CH_3COO)_2 \cdot 2H_2O]$ 与亚铁氰化钾反应生成的氰亚铁酸锌沉淀来吸附干物质。这种澄清剂除蛋白质能力强，但脱色能力差，适用于色泽较浅、蛋白质含量较高的样液的澄清，如乳制品、豆制品等。

③ 硫酸铜和氢氧化钠溶液：这种澄清剂是由硫酸铜溶液（69.28g $Cu_2SO_4 \cdot 5H_2O$ 溶于

1L 水中）和 1mol/L 氢氧化钠溶液组成，在碱性条件下，铜离子可使蛋白质沉淀，适合于富含蛋白质样品的澄清。

2. 还原糖测定直接滴定法注意事项

① 此法所用的氧化剂碱性酒石酸铜的氧化能力较强，醛糖和酮糖都可被氧化，所以测得的是总还原糖量。

② 本法是根据一定量的碱性酒石酸铜溶液（Cu^{2+} 量一定）消耗的样液量来计算样液中还原糖含量，反应体系中 Cu^{2+} 的含量是定量的基础，所以在样品处理时，不能用铜盐作为澄清剂，以免样液中引入 Cu^{2+}，得到错误的结果。

③ 次甲基蓝也是一种氧化剂，但在测定条件下氧化能力比 Cu^{2+} 弱，故还原糖先与 Cu^{2+} 反应，Cu^{2+} 完全反应后，稍过量的还原糖才与次甲基蓝指示剂反应，使之由蓝色变为无色，指示到达终点。

④ 为消除氧化亚铜沉淀对滴定终点观察的干扰，在碱性酒石酸铜乙液中加入少量亚铁氰化钾，使之与 Cu_2O 生成可溶性的无色络合物，而不再析出红色沉淀，其反应如下：

$$Cu_2O + K_4Fe(CN)_6 + H_2O \Longrightarrow K_2Cu_2Fe(CN)_6 + 2KOH$$

⑤ 碱性酒石酸铜甲液和乙液应分别贮存，用时混合，否则酒石钾钠铜络合物长期在碱性条件下会慢慢分解，析出氧化亚铜沉淀使试剂有效浓度降低。

⑥ 滴定必须在沸腾条件下进行，其原因一是可以加快还原糖与 Cu^{2+} 的反应速度；二是次甲基蓝变色反应是可逆的，还原型次甲基蓝遇空气中氧时又会被氧化为氧化型。此外，氧化亚铜也极不稳定，易被空气中氧所氧化。保持反应液沸腾可防止空气进入，避免次甲基蓝和氧化亚铜被氧化而增加耗糖量。

⑦ 滴定时不能随意摇动锥形瓶，更不能把锥形瓶从热源上拿来滴定，以防止空气进入反应溶液中，影响结果的准确性。

⑧ 样品溶液预测的目的：一是本法对样品溶液中还原糖浓度有要求（0.1% 左右），测定时样品溶液的消耗体积应与标定葡萄糖标准溶液时消耗的体积相近，通过预测可了解样品溶液浓度是否合适，浓度过大或过小应加以调整，使预测时消耗样液量在 10mL 左右；二是通过预测可知道样液大概消耗量，以便在正式测定时，预先加入比实际用量少 1mL 左右的样液，只留下 1mL 左右样液在后续滴定时加入，以保证在 1min 内完成后续滴定工作，提高测定的准确度。

⑨ 影响测定结果的主要操作因素是反应液碱度、热源强度、沸腾时间和滴定速度。反应液的碱度直接影响二价铜与还原糖反应的速度、反应进行的程度及测定结果。在一定范围内，溶液碱度愈高，二价铜的还原愈快。因此，必须严格控制反应液的体积，标定和测定时消耗的体积应接近，使反应体系碱度一致。热源一般采用 800W，电炉温度恒定后才能加热，热源强度应控制在使反应液在两分钟内沸腾，且应保持一致。否则，加热至沸腾所需时间就会不同，引起蒸发量不同，使反应液碱度发生变化，从而引起误差。沸腾时间和滴定速度对结果影响也较大，一般沸腾时间短，消耗糖液多，反之，消耗糖液少；滴定速度过快，消耗糖量多，反之，消耗糖量少。因此，测定时应严格控制上述实验条件，应力求一致。试

验样液消耗量相差不应超过 0.1mL。

⑩ 测定时先将反应所需样液的绝大部分加入碱性酒石酸铜溶液中，与其共沸，仅留1mL 左右由滴定方式加入，而不是全部由滴定方式加入，其目的是使绝大多数样液与碱性酒石酸铜在完全相同的条件下反应，减少因滴定操作带来的误差，提高测定精度。

⑪ 乳糖及转化糖因数表见表 3-8。

表 3-8　乳糖及转化糖因数表（10mL 斐林溶液）

滴定量/mL	乳糖/mg	转化糖/mg	滴定量/mL	乳糖/mg	转化糖/mg
15	68.3	50.5	33	67.8	51.7
16	68.2	50.6	34	67.9	51.7
17	68.2	50.7	35	67.9	51.8
18	68.1	50.8	36	67.9	51.8
19	68.1	50.8	37	67.9	51.9
20	68.0	50.9	38	67.9	51.9
21	68.0	51.0	39	67.9	52.0
22	68.0	51.0	40	67.9	52.0
23	67.9	51.1	41	68.0	52.1
24	67.9	51.2	42	68.0	52.1
25	67.9	51.2	43	68.0	52.2
26	67.9	51.3	44	68.0	52.2
27	67.8	51.4	45	68.1	52.3
28	67.8	51.4	46	68.1	52.3
29	67.8	51.5	47	68.2	52.4
30	67.8	51.5	48	68.2	52.4
31	67.8	51.6	49	68.2	52.5
32	67.8	51.6	50	68.3	52.5

注："因数"系指滴定量相对应的数目，由表中查得，若蔗糖含量与乳糖的比超过3：1时，则在滴定量中加表3-9中的校正数后计算。

表 3-9　溶液中乳糖、蔗糖共存时，测定乳糖时应在滴定量中加上校正值

滴定至终点时所用的糖量/mL	用 10mL 斐林溶液蔗糖及乳糖量的比	
	3：1	6：1
15	0.15	0.30
20	0.25	0.50
25	0.30	0.60
30	0.35	0.70

滴定至终点时所用的糖量/mL	用 10mL 斐林溶液蔗糖及乳糖量的比	
	3:1	6:1
35	0.40	0.80
40	0.45	0.90
45	0.50	0.95
50	0.55	1.05

七、思考题

1. 何谓热滴定？本实验为何采用热滴定？
2. 滴定过程中锥形瓶能否离开电炉和晃动？为什么？
3. 斐林甲液与斐林乙液中的两种试剂在本实验中各起什么作用？

酱油中氨基酸态
氮含量的测定

实验八　酱油中氨基酸态氮含量的测定

在酱油、酱等发酵产品中，氨基酸是蛋白质在发酵过程中的最终分解产物。原料中的蛋白质经过霉菌体内蛋白酶的作用，分解成多种氨基酸（可达 18 种之多），其中谷氨酸比例最多。因此，这类产品中氨基酸的含量可反映发酵工艺情况及产品品质，是酱油、酱生产的控制指标之一。氨基酸态氮是营养指标，它反映了酿造酱油中大豆蛋白水解率高低的特征性能，可判定发酵产品发酵程度的特征指标，是酱油的质量指标和酱油中氨基酸含量的特征指标，含量越高，酱油的鲜味越强，质量越好。国家标准中规定酱油氨基酸态氮含量应 ≥ 0.4g/100mL，酱油和酱中氨基酸态氮含量的高低与酿造所使用的原料、发酵工艺、操作技术、兑水多少有关。

一、实验目的

1. 掌握酸度计测定氨基酸态氮的基本原理及操作要点。
2. 学会酸度计基本操作技能及规范使用。

二、实验方法

用酸度计测定酱油中氨基酸态氮的含量。

三、实验原理

氨基酸含有羧基和氨基，利用氨基酸的两性作用，加入甲醛以固定氨基的碱性，使羧基显示出酸性，用氢氧化钠标准溶液滴定后进行定量，以酸度计测定终点。有关化学反应式如下：

$$R-\underset{\underset{NH_2}{|}}{CH}-COOH + HCHO \longrightarrow R-\underset{\underset{NH-CH_2OH}{|}}{CH}-COOH$$

$$R-\underset{\underset{NH-CH_2OH}{|}}{CH}-COOH + NaOH \longrightarrow R-\underset{\underset{NH-CH_2OH}{|}}{CH}-COONa + H_2O$$

四、实验材料和仪器

1. 材料

36%～38%甲醛溶液；0.050mol/L 氢氧化钠标准溶液；酚酞；乙醇；邻苯二甲酸氢钾；基准物质。

2. 仪器

酸度计；磁力搅拌器；100mL 微量碱式滴定管；分析天平：感量 0.1mg；碱式滴定管。

五、实验步骤

称量 5.0g（或吸取 5.0mL）试样于 50mL 的烧杯中，用水分数次洗入 100mL 容量瓶中，加水至刻度，混匀后吸取 20.0mL 置于 200mL 烧杯中，加 60mL 水，开动磁力搅拌器，用氢氧化钠标准溶液 $[c(NaOH)=0.050mol/L]$ 滴定至酸度计指示 pH 为 8.2，记下消耗氢氧化钠标准滴定溶液的毫升数，可计算总酸含量。加入 10.0mL 甲醛溶液，混匀。再用氢氧化钠标准滴定溶液继续滴定至 pH 为 9.2，记下消耗氢氧化钠标准滴定溶液的毫升数。同时取 80mL 水，先用氢氧化钠标准溶液 $[c(NaOH)=0.050mol/L]$ 调节至 pH 为 8.2，再加入 10.0mL 甲醛溶液，用氢氧化钠标准滴定溶液滴定至 pH 为 9.2，做试剂空白试验。

六、结果处理

$$X = \frac{(V_1 - V_2) \times c \times 0.014}{V \times \dfrac{V_3}{V_4} \times 100}$$

式中　X——试样中氨基酸态氮的含量，g/100mL；

　　　V_1——测定用试样稀释液加入甲醛后消耗氢氧化钠标准溶液的体积，mL；

　　　V_2——试剂空白试验加入甲醛后消耗氢氧化钠标准溶液的体积，mL；

　　　V_3——试样稀释液的取用量，mL；

　　　c——NaOH 标准滴定溶液的浓度，mol/L；

0.014——与 1.00mL 氢氧化钠标准滴定液 $[c(NaOH)=1.000mol/L]$ 相当氮的质量，g；

　　　V——吸取试样的体积，mL；

　　　V_4——试样稀释液的定容体积，mL；

　　100——单位换算系数。

七、注意事项

①酱油中的游离氨基酸有 18 种，其中谷氨酸和天冬氨酸占比例最多，这两种氨基酸含量越高，酱油的鲜味越强，故氨基酸态氮含量不仅反映了鲜味的程度，也是酱油质量好坏的指标。

②本法为酸碱滴定法，样品中存在的酸性物质对测定有干扰，应在加入甲醛前用碱液中和，所消耗的碱标准滴定溶液量可用来计算样品中总酸的含量。

③酱油中的铵盐影响氨基酸态氮的测定，因铵离子与甲醛作用产生酸，可使氨基酸态氮测定结果偏高：

$$4NH_4^+ + 6HCHO \longrightarrow (CH_2)_6N_4 + 4H^+ + 6H_2O$$

因此要同时测定铵盐，将氨基酸态氮的结果减去铵盐的结果比较准确。

④使用的甲醛试剂不应含聚合物，加入甲醛后应立即滴定，不宜放置时间过长，以免甲醛聚合，影响结果的准确性。

⑤本法准确快速，可用于各类样品游离氨基酸含量的测定。

八、思考题

1. 甲醛在测定氨基酸态氮中起什么作用？

2. 试说明酸度计测定食品中的氨基酸态氮的基本原理。

3. 电位滴定法适合于什么情况使用，举例说明。

4. 为什么滴定时一定要 0.050mol/L 的氢氧化钠溶液？

实验九
蛋白质含量的测定

　　测定蛋白质的方法可分为两大类：一类是利用蛋白质的共性，即含氮量、肽键和折射率等测定蛋白质含量，另一类是利用蛋白质中特定氨基酸残基、酸性和碱性基团以及芳香基团等测定蛋白质含量。但因食品种类繁多，食品中蛋白质含量各异，特别是其它成分，如碳水化合物、脂肪和维生素等干扰成分很多，因此蛋白质含量测定最常用的方法是凯氏定氮法。它是测定总有机氮的最准确和操作较简便的方法之一，在国内外应用普遍。该法是通过测出样品中的总含氮量再乘以相应的蛋白质系数而求出蛋白质含量的，由于样品中常含有少量非蛋白质含氮化合物，故此法的结果称为粗蛋白质含量。此外，双缩脲法、染料结合法、酚试剂法等也常用于蛋白质含量测定，由于方法简便快速，故多用于生产单位质量控制分析。

一、实验目的

1. 学习及了解凯氏定氮法测定蛋白质的含量方法。
2. 学习半自动定氮仪基本操作技能及使用。
3. 了解回收率测定。

二、实验方法

　　凯氏定氮法：用半自动定氮仪测定食品中的蛋白质含量。

三、实验原理

　　将样品与浓硫酸和催化剂一同加热消化，使蛋白质分解，其中碳和氢被氧化为二氧化碳和水逸出，而样品中的有机氮转化为氨，并与硫酸结合生成硫酸铵，此过程称为消化。加碱将消化液碱化，使氨游离出来，再通过水蒸气蒸馏，使氨蒸出，用硼酸吸收形成硼酸铵，再以标准盐酸或硫酸溶液滴定，根据标准酸消耗量可计算出蛋白质的含量。

四、化学反应

　　① 有机物中的氮在强热和 $CuSO_4$、浓 H_2SO_4 作用下，消化生成（NH_4）$_2SO_4$ 反应式为：

$$(CHNO)(样品) + H_2SO_4 \longrightarrow CO_2 + SO_2 + H_2O + (NH_4)_2SO_4$$

② 在凯氏定氮器中与碱作用，通过蒸馏释放出 NH_3，收集于 H_3BO_3 溶液中反应式为：

蒸馏：
$$H_2SO_4 + NaOH \longrightarrow Na_2SO_4 + H_2O$$

$$(NH_4)_2SO_4 + NaOH \longrightarrow Na_2SO_4 + NH_3 \cdot H_2O$$

$$NH_3 \cdot H_2O \longrightarrow NH_3 \uparrow + H_2O$$

吸收：
$$H_3BO_3 + NH_3 \longrightarrow (NH_4)_3BO_3$$

$$(NH_4)_3BO_3 + H_2SO_4 \longrightarrow (NH_4)_2SO_4 + H_3BO_3$$

③ 再用已知浓度的 HCl 标准溶液滴定，根据 HCl 消耗的量计算出氮的含量，然后乘以相应的换算因子，即得蛋白质的含量。反应式为：

$$H_2BO_3^- + H^+ =\!=\!= H_3BO_3$$

蛋白质是一类复杂的含氮化合物，每种蛋白质都有其恒定的含氮量〔在 14%～18%，平均为 16%（质量分数）〕。凯氏定氮法测定出的含氮量，再乘以系数 6.25，即为蛋白质含量。

五、实验材料和仪器

1. 材料

浓硫酸、硫酸铜、硫酸钾、盐酸、35%～40%氢氧化钠溶液；

甲基红-溴甲酚绿〔取 0.2%甲基红的乙醇（95%）溶液 1 份和 0.2%溴甲酚绿的乙醇（95%）溶液 5 份混合〕混合指示剂；

4%饱和硼酸溶液：40g H_3BO_3 溶解后并加水到 1000mL；

0.1mol/L 盐酸标准溶液（精确到小数点后 4 位）。

2. 仪器

半自动定氮仪。

六、实验步骤

1. 试样准备

精确称取固体样品 1.5g（精确至 0.01g，半固体样品 0.5～2.0g，液体样品 10～20mL），小心移入干净的消化管中，加入 3.5g（或 3～5g）无水硫酸钾（提高沸点，加快有机物分解）和 0.5g 硫酸铜（催化作用），以及 20mL（或 10～15mL）浓硫酸，按仪器说明进行消化。消化温度一般要求以温度梯度设置，不以剧烈爆沸反应为宜（如 250℃→350℃→410℃）；消化时间设置，低温段适当短些，高温段适当长些。

2. 测定

将冷凝管下端浸入接受瓶内的液面下（瓶内预先放 30mL 4%硼酸吸收液），将消化管放入蒸馏管位置，按蒸馏仪操作进行蒸馏，加水约 50mL，加 80mL NaOH 溶液（或 50～70mL NaOH 溶液，注意：必须加足够的碱量与加入硫酸消化用量相对应，否则氮含量不能完全蒸出），蒸馏后的接受瓶内再加 2 滴混合指示剂，蒸馏接受液用 0.1mol/L 盐酸标准溶液滴定。

$$含氮量 = \frac{c \times 0.014 \times (V - V_0)}{W} \times 100\%$$

$$粗蛋白质含量 = \frac{c \times (V - V_0) \times 0.014 \times 6.25}{W} \times 100\%$$

式中　V——滴定时消耗盐酸标准溶液的体积，mL；

　　　V_0——空白试验消耗盐酸标准溶液的体积，mL；

　　　c——标准盐酸溶液的浓度，mol/L；

　0.014——盐酸标准溶液相当的氮的质量，g；

　6.25——氮的蛋白质换算系数；

　　　W——样品质量，g。

3. 回收率试验

称取 0.1g 烘干的分析纯硫酸铵（精确至 0.1mg）于消化管中，放入蒸馏仪中，按蒸馏仪操作进行蒸馏，蒸馏液用 0.1mol/L 盐酸标液滴定。或称 2.0g 烘干的分析纯硫酸铵，定容到 1000mL，量取 20mL 液体直接蒸馏分析。

硫酸铵含氮理论值计算：21.19%。

硫酸铵含氮测定值计算：

$$含氮量 = \frac{c \times 0.014 \times (V - V_0)}{W} \times 100\%$$

$$回收率 = \frac{含氮量测定值}{含氮量理论值} \times 100\%$$

七、半自动定氮仪使用规则

① 使用前，必须与仪器管理员联系，并办理登记手续后，方可使用。

② 初使用者，需经必要的仪器培训工作，才可使用仪器。

③ 使用仪器时务必严格按照规程操作，小心使用消化管。

④ 仪器日常操作规程：开机→自检→清洗→空白→样品→清洗→关机。

1. 消化程序

① 检查仪器线路是否接好。

② 所测样品加入消化管中。

③ 按要求放好消化管，盖上漏斗架。

④ 打开真空水泵，保持水流。

⑤ 打开仪器开关，调仪器温度至 250℃，保持 2min 左右，再升温至 350℃保持 15min 左右，再升温至 410℃保持 50min 左右，直至消化管中的消化液变蓝绿色透明色止，若未消化完全再升温至 430℃。

⑥ 调节温度，进行降温冷却。冷却液备用。

2. 蒸馏系统

① 检查蒸馏系统仪器线路，NaOH（40％）桶和蒸馏水桶两个试剂桶中是否有足够的量，是否满足反应的需要，水龙头是否在开启状态。

② 样液放在蒸馏系统的消化管位置，锥形瓶中加入 4％硼酸左右吸收液，按要求放置。

③ 检查仪器线路是否接好。开启仪器开关。

④ 设置参数：加水 50mL；加碱 80mL（或 50～70mL NaOH 溶液）；调蒸馏时间至 4min。

蒸馏完毕后，务必清洗蒸馏系统，清洗程序如下：加水 50mL，调蒸馏时间至 2min 完成清洗任务。

⑤ 清洗完毕后，需清理残留在仪器装置上的碱液和周边环境，关机，切断电源。方可离开。

八、思考题

1. H_2SO_4、K_2SO_4、$CuSO_4$ 在蛋白质测定中起什么作用？
2. 为什么说用凯氏定氮法测定出食品中的蛋白质含量为粗蛋白质含量？
3. 样品消化过程中内容物的颜色发生什么变化？为什么？
4. 样品经消化进行蒸馏之前为什么要加入氧氧化钠？这时溶液颜色会发生什么变化？为什么？如果没有变化，说明了什么问题？需采取什么措施？

实验十　食品中可溶性蛋白含量的测定

蛋白质是生命的物质基础，是有机大分子，是构成细胞的基本有机物，是生命活动的主要承担者。它与各种形式的生命活动紧密联系在一起。机体中的每一个细胞和所有重要组成部分都有蛋白质参与。蛋白质占人体重量的 16％～20％，即一位 60kg 重的成年人其体内有蛋白质 9.6～12kg。人体内蛋白质的种类很多，性质、功能各异，但都是由 20 多种氨基酸按不同比例组合而成的，并在体内不断进行代谢与更新。

可溶性蛋白是重要的渗透调节物质和营养物质，它们的增加和积累能提高细胞的保水能力，对细胞内的生命物质及生物膜起到保护作用，因此经常用作筛选抗性的指标之一。植物体内的可溶性蛋白大多数是参与各种代谢的酶类，可溶性蛋白含量是一个重要的生理生化指标，其含量是了解植物体总代谢的一个重要指标；在研究每一种酶的作用时，常以比活表示酶活力大小及酶制剂纯度，这就需要测定蛋白质含量。因此，测定植物体内可溶性蛋白是研究酶活的一个重要项目。

一、实验目的

1. 了解考马斯亮蓝法测定蛋白质的原理。
2. 掌握考马斯亮蓝法测定蛋白质含量的操作步骤。
3. 掌握测定可溶性蛋白的意义。

二、实验方法

考马斯亮蓝 G-250 法。

三、实验原理

考马斯亮蓝 G-250（Coomassie brilliant blue G-250）测定蛋白质含量属于染料结合法的一种。该染料在游离状态下呈红色，在稀酸溶液中当它与蛋白质的疏水区结合后变为青色，前者最大光吸收在 465nm，后者在 595nm。在一定蛋白质浓度范围内（$1 \sim 1000 \mu g$），蛋白质与色素结合物在 595nm 波长下的吸光度与蛋白质含量成正比，故可用于蛋白质的定量测定。

考马斯亮蓝 G-250 与蛋白质结合反应十分迅速，2min 左右即达到平衡。其结合物在室温下 1h 内保持稳定。此法灵敏度高、易于操作、干扰物质少，是一种比较好的定量法。其缺点是在蛋白质含量很高时线性偏低，且不同来源蛋白质与色素结合状况有一定差异。

四、适用范围

各类食品中可溶性蛋白的测定。

五、实验材料和仪器

1. 材料

蛋白质标准储备液：称取 100mg（0.1g）牛血清白蛋白，加入 200mL 的 0.9% NaCl 溶液溶解，并定容至 1000mL，制成 $100 \mu g/mL$ 的蛋白储备溶液。

考马斯亮蓝 G-250（0.01%）染液：称取 0.1g 考马斯亮蓝 G-250，溶于 50mL 无水乙醇中，加入磷酸 100mL，最后用蒸馏水定容至 1000mL，常温放置一个月内有效。

0.9％ NaCl 溶液：称取 45g 的 NaCl 固体粉末，置于 5L 试剂瓶中，加入蒸馏水 5L 溶解即可。

2. 仪器

组织捣碎机；分光光度计；分析天平等。

六、实验步骤

1. 标准曲线的绘制

蛋白质标准使用液配制：将牛血清白蛋白标准储备液按表 3-10 配制成每毫升分别含 10μg、20μg、40μg、60μg、80μg、100μg 蛋白的标准使用液。

表 3-10　蛋白质标准使用液的配制

试管编号	A	B	C	D	E	F
加储备液/mL	1.0	2.0	4.0	6.0	8.0	10.0
加 0.9％ NaCl/mL	9.0	8.0	6.0	4.0	2.0	0
蛋白质浓度/(μg/mL)	10	20	40	60	80	100

0～100μg/mL 蛋白质标准曲线绘制：准确吸取 1.0mL 的 10μg/mL、20μg/mL、40μg/mL、60μg/mL、80μg/mL、100μg/mL 牛血清白蛋白标准液，分别置于 6 支玻璃试管中，参比试管以 1.0mL 的 0.9％ NaCl 溶液代替，各加入 5.0mL 考马斯亮蓝 G-250 蛋白试剂，将溶液混匀，2min 后在 595nm 处测其吸光值，结果填于表 3-11。以吸光度为纵坐标、蛋白质量（μg）为横坐标，绘制标准曲线。

表 3-11　蛋白质标准曲线绘制

管号	1	2	3	4	5	6	7
蛋白质标准使用液	—	10μg/mL 1.0mL	20μg/mL 1.0mL	40μg/mL 1.0mL	60μg/mL 1.0mL	80μg/mL 1.0mL	100μg/mL 1.0mL
0.9％ NaCl/mL	1.0	—	—	—	—	—	—
样品溶液/mL							
考马斯亮蓝 G-250 染液/mL	5.0	5.0	5.0	5.0	5.0	5.0	5.0
蛋白质含量/μg	0	10	20	40	60	80	100
A_{595}							

2. 样品的前处理

取洁净干燥的烧杯，准确称量 5.00g 样品置于研钵中，充分研磨后，加入 10mL 0.9％

NaCl 溶液，转移至 100mL 容量瓶，并用 0.9％ NaCl 溶液洗涤研钵 3～4 次，一并转移至 100mL 容量瓶，最后用 0.9％ NaCl 溶液定容至刻线。滤纸过滤，弃初滤液后，收集滤液。以滤液代替 BSA 标准溶液，其他所有步骤按照标准曲线绘制方法，测定 A_{595} 吸光度。

3. 样品中蛋白质浓度的测定

样品蛋白含量测定时，使用样品溶液代替蛋白质标准溶液，其余操作完全相同，通过标准曲线即可查得每毫升溶液中蛋白质的含量。

数据记录于表 3-12：

表 3-12　蛋白质浓度测定

管号	A	B	C
待测样品液体/mL	1.0	1.0	1.0
考马斯亮蓝 G-250 染液/mL	5.0	5.0	5.0
A_{595}			

计算：

$$样品可溶性蛋白质含量（\mu g/g）= \frac{标准曲线计算得到的蛋白质含量（\mu g）\times 定容体积}{样品鲜重（g）}$$

七、注意事项

① 本法在 0～100mg/L 蛋白质范围内呈良好的线性关系。

② 不可使用石英比色皿（因不易洗去染色），可用玻璃比色皿，使用后立即用少量 95％ 的乙醇荡洗，以洗去染色。

③ 该法主要问题是线性关系较差，在蛋白质含量很高时线性偏低。有研究表明 H^+ 浓度是影响线性关系的主要因素，控制好显色液的 H^+ 浓度就能使被测液的吸光度与蛋白质浓度之间保持较好的线性关系，用 HCl-NaCl 缓冲液代替磷酸缓冲液也能改善标准曲线的线性关系。

八、思考题

1. 常用蛋白质含量测定的方法有哪些？
2. 考马斯亮蓝法与其他方法相比较，有什么优缺点？
3. 水溶性蛋白质和蛋白质有什么区别？

实验十一　食品中粗脂肪的测定

食品中的脂肪主要包括甘油三酯和类脂化合物（脂肪酸、糖脂和甾醇）。脂肪是食品中具有最高能量的营养素，也是三大营养素之一。食品中脂肪含量的高低是衡量食品营养价值的指标之一。在食品加工生产过程中，加工的原料、半成品、成品的脂类含量对食品的风味、组织结构、品质、外观、口感等都有重要影响。一般食品用有机溶剂浸提，挥发干有机溶剂后称得的重量主要是游离脂肪，此外，还含有磷脂、色素、树脂、蜡状物、挥发油、糖脂等物质，所以用索氏提取法测得的脂肪，也称粗脂肪。

一、实验目的

1. 了解索氏提取法测定脂肪的原理。
2. 掌握索氏提取法测定脂肪的方法。

二、实验方法

利用索氏抽提法提取饼干、芝麻、花生、坚果等物料中的粗脂肪。

三、实验原理

将经预处理而分散且干燥的样品用无水乙醚或石油醚等溶剂回流提取，使样品中的脂肪进入溶剂中，除去溶剂乙醚或石油醚，所得残留物即为脂肪（或粗脂肪）。

四、实验材料和仪器

1. 材料

无水乙醚：分析纯，不含过氧化物；或石油醚：沸程 30～60℃。

2. 仪器

索氏提取器（图 3-4）、电热鼓风干燥箱、分析天平

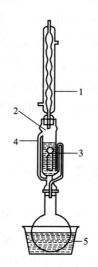

图 3-4　索氏提取器

1—冷凝管；2—提取管；3—虹吸管；
4—连接管；5—提取瓶

（感量 0.1mg）、水浴锅、溶剂蒸馏装置（或真空浓缩装置）、烧瓶、滤纸筒、脱脂棉。

五、实验步骤

1. 样品处理

取有代表性的样品至少 200g，用研钵捣碎、研细、混合均匀，置于密闭玻璃容器内；不易捣碎、研细的样品，应切（剪）成细粒，置于密闭玻璃容器内。

2. 索氏提取器及烧瓶前处理

索氏提取器的清洗：将索氏提取器各部位充分洗涤并用蒸馏水清洗后烘干。底瓶在（103±2）℃的电热鼓风干燥箱内干燥至恒重（前后两次称量差不超过 0.002g）。

3. 称样、干燥

洁净称量皿称取约 5g 试样，精确至 0.001g，移入滤纸筒内，滤纸筒内和上方分别用少量脱脂棉塞住。将盛有试样的滤纸筒移入（103±2）℃干燥箱内，干燥 2h［西式糕点应在（90±2）℃干燥 2h］。

4. 提取

将干燥后盛有试样的滤纸筒放入索氏提取器的抽提筒内，连接已干燥至恒重的底瓶，由冷凝管上端加入无水乙醚或石油醚，加量为底瓶内容积的 2/3 处，将底瓶浸没在水浴中加热，用一小块脱脂棉轻轻塞入冷凝管上口。水浴温度应控制在使提取液每 6～8min 回流一次（一般 65℃左右）。提取时间视试样中粗脂肪含量而定：一般样品提取 6～12h，坚果制品提取约 16h。提取结束时，用毛玻璃接取一滴提取液，如无油斑则表明提取完毕。

5. 烘干、称量

提取完毕后，回收提取液。取下底瓶，在水浴上蒸干并除尽残余的提取液。用脱脂棉擦净底瓶外部，在（105±2）℃的干燥箱内干燥 1h 取出，置于干燥器内冷却至室温，称量，再干燥、冷却 0.5h，称量，直至前后两次称量差不超过 0.002g 即为恒量。以最小称量为准。

6. 分析结果

食品中粗脂肪含量以质量百分率表示，按下式计算：

$$x = \frac{m_2 - m_1}{m} \times 100\%$$

式中　x——食品中粗脂肪含量（质量百分率），％；

　　　m_1——底瓶的质量，g；

　　　m_2——底瓶和粗脂肪的质量，g；

m——试样的质量，g。

计算结果精确至小数点后第一位。

六、注意事项

① 固体样品，称取干燥并研细的样品 2～5g（可取测定水分后的样品），移入滤纸筒内；半固体或液体样品一般称取 5.0～10.0g 于蒸发皿中，加入海砂适量（10～20g），于沸水浴上蒸干后，再于 95～105℃烘干、研细，全部移入滤纸筒内。

② 本方法适用于肉制品、豆制品、坚果制品、谷物油炸制品、中西式糕点等食品中粗脂肪的测定。

③ 乙醚的沸点低，乙醚溶解脂肪的能力比石油醚强。现有的脂肪含量的标准分析法都采用乙醚作提取剂。但乙醚约可饱和 2%的水分，含水的乙醚也将同时抽出糖分等非脂类成分，所以，使用时必须采用无水乙醚作提取剂，被测样品必须事先烘干。

④ 石油醚具有较高的沸点，它没有胶溶现象，不会夹带胶态的淀粉、蛋白质等物质。石油醚抽出物比较接近真实的脂类。

⑤ 乙醚、石油醚这两种溶剂一般适用于已烘干磨细、不易潮解结块的样品，它们能提取样品中游离的脂肪，但不能提取结合脂类。

⑥ 氯仿-甲醇是另一种有效的提取剂。它对于脂蛋白、磷脂的提取效率很高，适用范围很广，特别适用于鱼、肉、家禽等食品。

⑦ 装样品的滤纸筒一定要严密，不能往外漏样品，但也不要包得太紧影响溶剂渗透。放入滤纸筒时高度不要超过回流弯管。

⑧ 抽提时，冷凝管上端最好连接两个氯化钙干燥管，这样，可防止空气中水分进入，也可避免乙醚挥发在空气中。

⑨ 抽提是否完全，可凭经验，也可用滤纸或毛玻璃检查，由抽提管下口滴下的乙醚滴在滤纸或毛玻璃上，挥发后不留下油迹表明已抽提完全，若留下油迹说明抽提不完全。

⑩ 乙醚是易燃易爆危险品，乙醚残余液必须收集好进行必要的处理，带有乙醚的残余物严禁放置冰箱中，以防爆炸。

七、思考题

1. 脂类的概念和测定意义是什么？测定方法有哪些？

2. 脂类测定最常用的提取剂有哪些？各有什么优缺点？

3. 脂肪测定中应注意哪些安全性问题？

实验十二 维生素 C 含量的测定

　　维生素 C 是一种己糖醛基酸，有抗坏血病的作用，可以促进外伤愈合，使机体增强抵抗力，也称作抗坏血酸，广泛存在于植物组织中。维生素 C 主要为还原型及脱氢型两种，易溶于水和乙醇中，不溶于油剂。在 pH 为 5.5 以下的酸性介质中较稳定，在中性和碱性溶液中容易被氧化，热、光照、金属离子（特别是 Fe^{3+}、Cu^{2+} 等）可以促进其氧化分解。

　　测定维生素 C 常用的方法有 2,6-二氯酚靛酚滴定法、苯肼比色法、荧光法及高效液相色谱法、极谱法等。2,6-二氯酚靛酚滴定法测定的是还原型抗坏血酸，该法简便，也较灵敏，但特异性差，样品中的其他还原性物质（如 Fe^{2+}、Sn^{2+}、Cu^{2+} 等）会干扰测定，使测定值偏高，对深色样液滴定终点不易辨别。苯肼比色法和荧光法测得的都是抗坏血酸和脱氢抗坏血酸的总量。苯肼比色法操作复杂，特异性较差，易受共存物质的影响，结果中包括二酮古乐糖酸，故测定值往往偏高。荧光法受干扰的影响较小，且结果不包括二酮古乐糖酸，故准确度较高，重现性好，灵敏度与苯肼比色法基本相同，但操作较复杂。高效液相色谱法可以同时测得抗坏血酸和脱氢抗坏血酸的含量，具有干扰少、准确度高、重现性好、灵敏、简便、快速等优点，是上述几种方法中最先进、可靠的。

抗坏血酸　　　　　脱氢抗坏血酸　　　　　2,3-二酮古乐糖酸

高效液相色谱法

一、实验目的

　　1. 了解维生素 C 测定的常用方法。

　　2. 了解液相色谱仪的应用操作方法。

二、实验方法

高效液相色谱（HPLC）法测萝卜等蔬菜中的维生素 C 含量。

三、实验原理

新鲜蔬菜、水果、饮料中的维生素 C 经 0.1％草酸溶液迅速提取后，在反相色谱柱上分离定量。以 C18 反向键和色谱柱为固定相，甲醇-乙酸钠（0.05mol/L）溶液为流动相（10：90），在 254nm 的波长下根据保留时间和峰面积进行定性定量分析维生素 C。

液相色谱法是利用物质在固定相与移动相之间相互作用的平衡环境中其行为的差异而彼此分离然后进行分析的方法。其中的液体为移动相的柱色谱法称为液相色谱法。

高效液相色谱仪由高压泵、进样装置、色谱柱、检测器、数据处理装置等部分组成。高压泵以恒定的流量，从贮液容器中吸取作为流动相的溶剂输送到色谱柱，试样由进样装置导入，随流动相在色谱柱内进行分离。分离后的组分进入检测器检测，并经数据处理成色谱图（图 3-5）。

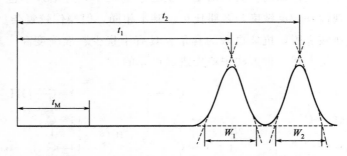

图 3-5　保留时间（t_R）、基线峰宽（W）、流动相保留时间（t_M）示意图

HPLC 一般流程：

贮存器 $\longrightarrow$ 泵 $\longrightarrow$ 进样器 $\longrightarrow$ 色谱柱 $\longrightarrow$ 检测器 $\longrightarrow$ 记录仪或数据处理机

两峰的分离度 R_s 可由下式表示：

$$R_s = \frac{t_2 - t_1}{1/2(W_1 + W_2)}$$

式中　t_1、t_2——两相邻峰的洗脱时间（保留时间）；

W_1、W_2——两峰指点处正切延长线在基线上切割部分的宽度（峰度宽度）。

四、实验材料和仪器

1. 材料

色谱纯甲醇；1%草酸（浸提剂）；0.1%草酸；0.05mol/L 乙酸钠（NaAc）标准溶液配制：精确称取维生素 C 标样 100mg 于 100mL 容量瓶中，用 0.1%草酸溶解定容，得到 1mg/mL 的维生素 C 溶液，再稀释 50 倍配成浓度为 20μg/mL 的标准液为储备液。

2. 仪器

高效液相色谱仪；榨汁机。

五、实验步骤

1. 样品处理

① 称取适量（25g）样品，榨汁机中榨汁，加适量 1%草酸溶液，拌成匀浆，注入 50mL 容量瓶中，超声波振荡 15min，用 0.1%草酸溶液稀释至刻度，拌匀。

② 将液样过滤除去滤渣，过滤后再经 0.45μm 滤膜过滤后待测。

2. 流动相处理

将 0.05mol/L NaAc 用水系膜进行过滤处理，然后和色谱纯甲醇进行超声波脱气 20min 左右。

3. 色谱条件

色谱柱：C18（直径 25cm×0.46cm）；流动相：0.05mol/L NaAc：甲醇＝90：10；流速：1.0mL/min；检测器：紫外 254nm；进样量：10μL。

4. 测定

① 开机平衡，放上配制好的流动相，打开电源，打开泵、检测器、电脑电源，打开色谱工作站，设置实验方法、流动相流速、检测器波长，启动泵，平衡色谱柱。到基线基本走平为止。

② 取 10μL 标准溶液进行色谱分析，重复进样三次，取标样峰面积平均值。然后在相同条件下，取 10μL 样品液进行分析，以相应峰面积计算含量。

5. 结果计算

（1）外标法定量

$$m = \frac{m_1 \times A_2 \times V_2 \times 100}{m_2 \times A_1 \times V_1}$$

式中　m——100g（mL）样品中维生素 C 含量，mg；

　　　m_1——标样进样体积中维生素 C 含量，µg；

　　　m_2——样品称样质量，g 或 mL；

　　　A_1——标样峰面积平均值；

　　　A_2——样品峰面积；

　　　V_1——样品进样的体积，µL；

　　　V_2——样品定容体积，mL。

维生素 C 极易分解，样品提取后应立即分析，分析过程中应用新配维生素 C 标样校正。

（2）标准曲线法

① 标准样品的配制：准确称取 100mg 维生素 C，溶解在 100mL 容量瓶中并定容，得到 1mg/mL 的维生素 C 溶液，稀释 50 倍配成浓度为 20µg/mL 的标准液为储备液。然后分别取 2mL、4mL、6mL、8mL、10mL 储备液至 10mL 容量瓶中，并定容，配制浓度为 2µg/mL、4µg/mL、6µg/mL、8µg/mL、10µg/mL 的标准溶液。

② 样品测定：首先依次测不同浓度的标准品（浓度从小到大），制作标准曲线。再进样分析待测样品。

③ 实验记录

项 目	标准样品	样品
浓度/(µg/mL)		
峰面积		

④ 计算

$$X_1 = \frac{c}{m} \times V \times \frac{100}{1000}$$

式中　X_1——维生素的含量，mg/100g；

　　　c——由标准曲线上查到某种维生素含量，µg/mL；

　　　V——样品浓缩定容体积，mL；

　　　m——样品质量，g。

⑤ 结果处理

外标峰面积法：以浓度为横坐标、峰面积为纵坐标制作标准曲线。由标准曲线查出样品组分含量。

六、注意事项

① 实验前，需要注意色谱体系是否平衡。

② 流动相需要过滤脱气。

③ 进样时不能将气泡带入。

④ 样品也需过滤。

⑤ 流动相或样品需要用高纯水配制。

七、思考题

1. 实验中以什么措施防止维生素 C 被氧化？

2. 简述液相色谱法的工作原理。

3. 高效液相色谱法分析样品组分时，如何对溶剂进行前处理？为什么？

4. 如果测定单组分含量（没有其他杂质存在），改变哪些条件可以缩短实验时间？

荧光分光光度计法

荧光分光度测定技术

一、实验原理

试样中 L（＋）-抗坏血酸（维生素 C）经活性炭氧化为 L（＋）-脱氢抗坏血酸后，与邻苯二胺（OPDA）反应生成有荧光的喹喔啉，其荧光强度与 L（＋）-抗坏血酸的浓度在一定条件下成正比，以此测定试样中 L（＋）-抗坏血酸总量。

注：L（＋）-脱氢抗坏血酸与硼酸可形成复合物而不与 OPDA 反应，以此排除试样中荧光杂质产生的干扰。

荧光分光光度计法测定
食品中维生素 C 的含量

二、实验步骤

1. 试剂的制备

称取约 100g 试样，加 100g 偏磷酸-乙酸溶液，倒入捣碎机内打成匀浆，用百里酚蓝指示剂测试匀浆的酸碱度。若呈红色，即称取适量匀浆用偏磷酸-乙酸溶液稀释；若呈黄色或蓝色，则称取适量匀浆用偏磷酸-乙酸-硫酸溶液稀释，使其 pH 为 1.2。匀浆的取用量根据试样中抗坏血酸的含量而定。当试样中抗坏血酸含量在 $40\sim100\mu g/mL$ 时，一般称取 20g，用相应溶液稀释至 100mL，过滤，滤液备用。

2. 测定

① 氧化处理：分别准确吸取 50mL 试样滤液及抗坏血酸标准工作液于 200mL 具塞锥形瓶中，加入 2g 活性炭，用力振摇 1min，过滤，弃去最初数毫升滤液，分别收集其余全部滤液，即为试样氧化液和标准氧化液，待测定。

② 分别准确吸取 10mL 试样氧化液于两个 100mL 容量瓶中，作为"试样液"和"试样空白液"。

③ 分别准确吸取 10mL 标准氧化液于两个 100mL 容量瓶中，作为"标准液"和"标准空白液"。

④ 于"试样空白液"和"标准空白液"中各加 5mL 硼酸-乙酸钠溶液，混合摇动15min，用水稀释至 100mL，在 4℃冰箱中放置 2～3h，取出待测。

⑤ 于"试样液"和"标准液"中各加 5mL 的 500g/L 乙酸钠溶液，用水稀释至 100mL，待测。

3. 标准曲线的制备

准确吸取上述"标准液"[L（+）-抗坏血酸含量 10μg/mL] 0.5mL、1.0mL、1.5mL、2.0mL，分别置于 10mL 具塞刻度试管中，用水补充至 2.0mL。另准确吸取"标准空白液"2mL 于 10mL 具塞刻度试管中。在暗室中迅速向各管中加入 5mL 邻苯二胺溶液，振摇混合，在室温下反应 35min，于激发波长 338nm、发射波长 420nm 处测定荧光强度。以"标准液"系列荧光强度分别减去"标准空白液"荧光强度的差值为纵坐标，对应的 L（+）-抗坏血酸含量为横坐标，绘制标准曲线或计算直线回归方程。

4. 试样测定

分别准确吸取 2mL"试样液"和"试样空白液"于 10mL 具塞刻度试管中，在暗室中迅速向各管中加入 5mL 邻苯二胺溶液，振摇混合，在室温下反应 35min，于激发波长 338nm、发射波长 420nm 处测定荧光强度。以"试样液"荧光强度减去"试样空白液"的荧光强度的差值，于标准曲线上查得或在回归方程中计算测定试样溶液中 L（+）-抗坏血酸的总量。

试样中 L（+）-抗坏血酸总量，按下式计算：

$$X = \frac{c \times V \times F \times 100}{m \times 1000}$$

式中　X——试样中 L（+）-抗坏血酸的总量，mg/100g；

c——由标准曲线查得或回归方程计算的进样液中 L（+）-抗坏血酸的质量浓度，μg/mL；

V——荧光反应所用试样体积，mL；

m——实际检测试样质量，g；

F——试样液的稀释倍数；

100——换算系数；

1000——换算系数。

三、注意事项

① 在重复性条件下获得的两次独立测定结果的绝对差值不得超过算术平均值的 10%。

② 当样品取样量为 10g 时，L（＋）-抗坏血酸总量的检出限为 0.044mg/100g，定量限为 0.7mg/100g。

实验十三　脂溶性维生素（维生素 A）的测定

维生素是生物体新陈代谢过程中必不可少的微量物质，是一类化学结构不同的低分子有机化合物。其种类很多，已经从食品中发现的维生素有 60 多种，其中被认为对维持人体健康和促进发育至关重要的有 20 余种。这些维生素结构复杂，理化性质及生理功能各异，有的属于醇类，有的属于胺类，有的属于酯类，还有的属于酚或醌类化合物。根据维生素的溶解特性，可以分为脂溶性维生素和水溶性维生素两大类，维生素 A、维生素 D、维生素 E、维生素 K 等能溶解在脂肪中，属于脂溶性维生素。脂溶性维生素 A 常用的测定方法有三氯化锑比色法、紫外分光光度法、荧光分析法和液相色谱法。三氯化锑比色法适用于样品中维生素 A 含量高的样品，方法简便、快速，结果准确，但是对维生素 A 含量低的样品，如每克样品中含 5～10pg 维生素 A 时，这时样品由于受到其他脂溶性物质的干扰，需要经提取、净化处理后再采用三氯化锑显色后测定。

对于紫外分光光度法不必加入显色剂显色，可以直接测定维生素 A 的含量，对样品中含维生素 A 低的也可以测出可信结果，具有操作简便、快速的优点。

一、实验目的

1. 了解脂溶性维生素的测定方法。
2. 了解脂溶性维生素的前处理方法。

二、实验方法

比色法。

三、实验原理

维生素 A 在三氯甲烷中与三氯化锑相互作用，产生蓝色物质，其颜色深浅与溶液中维生素 A 的含量成正比。该蓝色物质虽不稳定，但在一定时间内可用分光光度计于 620nm 波长处测定其吸光度。

四、实验材料和仪器

1. 材料

本实验用水均为蒸馏水；无水硫酸钠；乙酸酐；乙醚；无水乙醇；三氯甲烷：应不含分解物，否则会破坏维生素 A；25％三氯化锑-三氯甲烷溶液：用三氯甲烷配制 25％三氯化锑溶液，储于棕色瓶中（注意勿使吸收水分）；1：1 氢氧化钾溶液；维生素 A 或维生素 A 乙酸酯标准液；酚酞指示剂：用 95％乙醇配制 1％溶液。

① 检查方法：三氯甲烷不稳定，放置后易受空气中氧的作用生成氯化氢和光气。检查时可取少量三氯甲烷置试管中加水少许振摇，使氯化氢溶到水层。加入几滴硝酸银溶液，如有白色沉淀即说明三氯甲烷中有分解产物。

② 处理方法：试剂应先测验是否含有分解产物，如有，则应于分液漏斗中加水洗数次，加无水硫酸钠或氯化钙使之脱水，然后蒸馏。

2. 仪器

分光光度计；回流冷凝装置。

五、实验步骤

维生素 A 极易被光破坏，实验操作应在微弱光线下进行，或用棕色玻璃仪器。

1. 样品处理

根据样品性质，可采用皂化法或研磨法。

（1）皂化法　适用于维生素 A 含量不高的样品，可减少脂溶性物质的干扰，但全部试验过程费时，且易导致维生素 A 损失。

① 皂化：根据样品中维生素 A 含量的不同，称取 0.5～5g 样品于锥形瓶中，加入 10mL 1：1 氢氧化钾及 20～40mL 乙醇，于电热板上回流 30min 至皂化完全为止。

② 提取：将皂化瓶内混合物移至分液漏斗中，以 30mL 水洗皂化瓶，洗液并入分液漏斗。如有渣子，可用脱脂棉漏斗滤入分液漏斗内。用 50mL 乙醚分两次洗皂化瓶，洗液并入分液漏斗中。振摇并注意放气，静置分层后，水层放入第二个分液漏斗内。皂化瓶再用约 30mL 乙醚分两次冲洗，洗液倾入第二个分液漏斗中。振摇后，静置分层，水层放入锥形瓶中，醚层与第一个分液漏斗合并。重复至水液中无维生素 A 为止。

③ 洗涤：用约 30mL 水加入第一个分液漏斗中，轻轻振摇，静置片刻后，放去水层。加 15～20mL 0.5mol/L 氢氧化钾溶液于分液漏斗中，轻轻振摇后，弃去下层碱液，除去醚溶性酸皂。继续用水洗涤，每次用水约 30mL，直至洗涤液与酚酞指示剂呈无色为止（大约3 次）。醚层液静置 10～20min，小心放出析出的水。

④ 浓缩：将醚层液经过无水硫酸钠滤入锥形瓶中，再用约 25mL 乙醚冲洗分液漏斗和

硫酸钠两次，洗液并入锥形瓶内。置水浴上蒸馏，收回乙醚。待瓶中剩约 5mL 乙醚时取下，用减压抽气法至干，立即加入一定量的三氯甲烷使溶液中维生素 A 含量在适宜浓度范围。

（2）研磨法　适用于每克样品维生素 A 含量大于 5～10μg 的测定，如肝的分析。

① 研磨：精确称取 2～5g 样品，放入盛有 3～5 倍样品重量的无水硫酸钠研钵中，研磨至样品中水分完全被吸收，并均质化。

② 提取：小心地将全部均质化样品移入带盖的锥形瓶内，准确加入 50～100mL 乙醚。紧压盖子，用力振摇 2min，使样品中维生素 A 溶于乙醚中，自行澄清（需 1～2h）或离心澄清（因乙醚易挥发，气温高时应在冷水浴中操作。装乙醚的试剂瓶也应事先放入冷水浴中）。

③ 浓缩：取澄清乙醚液 2～5mL，放入比色管中，在 70～80℃ 水浴上抽气蒸干。立即加入 1mL 三氯甲烷溶解残渣。

2. 测定步骤

（1）标准曲线的制备　准确取一定量的维生素 A 标准液于 4～5 个容量瓶中，以三氯甲烷配制标准系列溶液。再取相同数量比色管顺次取 1mL 三氯甲烷和 1mL 标准系列使用液，各管加入乙酸酐 1 滴，制成标准比色列。于 620nm 波长处，以三氯甲烷调节吸光度至零点，将其标准比色列按顺序移入光路前，迅速加入 9mL 三氯化锑-三氯甲烷溶液。于 6s 内测定吸光度，以吸光度为纵坐标、维生素 A 含量为横坐标绘制标准曲线图。

（2）样品测定　于一比色管中加入 1mL 三氯甲烷，加入 1 滴乙酸酐为空白液。另一比色管中加入 1mL 三氯甲烷，其余比色管中分别加入 1mL 样品溶液及 1 滴乙酸酐。其余步骤同标准曲线的制备。

（3）计算

$$X = \frac{c}{m} \times V \times \frac{100}{1000}$$

式中　X——样品中含维生素 A 的量，mg/100g；

　　　c——由标准曲线上查得样品中维生素 A 的含量，μg/mL；

　　　m——样品质量，g；

　　　V——提取后加三氯甲烷定量之体积，mL；

　　100——以每百克样品计。

六、脂溶性维生素理化性质说明

① 溶解性：不溶于水，易溶于脂肪、乙醇、丙酮、氯仿、乙醚、苯等有机溶剂。

② 耐酸碱性：维生素 A、维生素 D 对酸不稳定，对碱稳定；维生素 E 对酸稳定，对碱不稳定。

③ 耐热性、耐氧化性：维生素 A、维生素 D、维生素 E 耐热性好，能经受煮沸。维生素 A 因分子中有双链，易被氧化，光、热促其氧化；维生素 D 性质稳定，不易被氧化；维

生素 E 在空气中能慢慢被氧化，光、热、碱能促进其氧化作用。

④ 分析操作一般要在避光、防氧化（常加入抗氧化剂如焦性没食子酸、抗坏血酸等）条件下进行。

七、思考题

1. 简述脂溶性维生素样品测试前处理方法。
2. 脂溶性维生素测定可用哪些方法？

第四章
食品品质检测指标的分析

食品中过氧化值
及酸价的测定

实验一　食品中过氧化值及酸价的测定

　　食品中的脂肪易发生氧化而使其风味及营养价值发生变化，过氧化值是用于表示油脂或脂肪酸被氧化程度的指标。过氧化值是指油脂或脂肪酸氧化早期阶段形成的过氧化物含量。油脂发生氧化时会产生中间产物过氧化物，易分解产生挥发性和非挥发性的醛、酮和脂肪酸等物质，使食物产生苦味和臭味，过氧化值越高则酸败程度越强。

　　酸价也叫中和值、酸值、酸度，它表示中和1g油脂中游离脂肪酸所需的氢氧化钾的毫克数。含脂肪较多的食品在长期储存的过程中，在微生物和酶的作用下发生水解产生游离脂肪酸，一般用酸价来表示其含量，酸价越低，则说明油脂的质量越好，也可以为油脂碱炼工艺提供需要的加碱量。

一、实验目的

　　1. 了解过氧化值和酸价的定义及测定原理。
　　2. 掌握滴定法的实验操作。

二、实验方法

　　滴定法。

三、实验原理

　　油脂用三氯甲烷-冰乙酸溶液溶解，氧化产生的过氧化物使碘化钾析出游离碘，用硫代硫酸钠标准溶液进行滴定，通过计算硫代硫酸钠标准溶液消耗的体积来计算样品的过氧化值。反应式如下：

$$R_1CH_2OOR_2 + 2KI \longrightarrow R_1CH_2OR_2 + I_2 + 2CH_3COOK + H_2O$$

$$I_2 + Na_2S_2O_3 \longrightarrow 2I^- + Na_2S_4O_6$$

用乙醚-乙醇溶液溶解油脂，用氢氧化钾（氢氧化钠）标准溶液进行滴定，以酚酞作为指示剂，通过计算消耗氢氧化钾（氢氧化钠）标准溶液的体积来计算游离脂肪酸的含量，从而计算酸价。反应式如下：

$$RCOOH + KOH \longrightarrow RCOOK + H_2O$$

四、适用范围

油脂含量较高的动植物制品，如谷物、糕点、食用植物油等。

五、实验材料和仪器

1. 材料

① 石油醚：沸程 30～60℃。

② 三氯甲烷-冰乙酸混合溶液（体积比 2∶3）：称取 40mL 的三氯甲烷（CH_3Cl）溶液和 60mL 冰乙酸（CH_3COOH）溶液，混匀。

③ 碘化钾饱和溶液：称取 16g 碘化钾（KI），溶于 10mL 水中，可加热加快溶解速度，配置后的饱和溶液置于棕色瓶中备用，现用现配。

④ 硫代硫酸钠标准溶液（0.002mol/L）：称取 5g 硫代硫酸钠（$Na_2S_2O_3 \cdot 5H_2O$）溶于 1000mL 水（新煮沸经冷却的）中，缓慢煮沸 10min，冷却，放置两周后过滤备用。

⑤ 1％淀粉指示剂：取 0.5g 可溶性淀粉，加少量水搅拌至糊状，加入 50mL 沸水，煮沸后静置冷却，现用现配。

⑥ 乙醚-乙醇混合溶液（体积比 2∶1）：500mL 乙醚（$C_4H_{10}O$）和 250mL 乙醇（C_2H_5OH）溶液充分混合，临用前用 0.1mol/L 氢氧化钾标准溶液滴定至中性。

⑦ 氢氧化钾标准溶液（0.1mol/L）：称取 0.56g 氢氧化钾（KOH），加入 95％的乙醇溶液，定容至 100mL。

⑧ 酚酞指示剂：取 1g 酚酞（$C_{20}H_{14}O_4$），加入 100mL 95％的乙醇，充分混合。

2. 仪器

研钵；碘量瓶（250mL）；水浴锅；量筒（1000mL，100mL）；移液管（1mL）；容量瓶（100mL）；聚四氟乙烯滴定管（25mL，最小分度 0.1mL）；天平（感量为 0.001g）；漏斗；锥形瓶。

六、实验步骤

1. 油脂制品的制备

（1）固体样品　根据其油脂含量称取不同质量的样品。

① 含油脂量较高的样品如谷物类的芝麻、花生、核桃等，称取 50g 试样研磨至粉碎，置于 250mL 具塞锥形瓶中，加入 50mL 石油醚，放置过夜后用快速滤纸过滤，减压回收溶剂。

② 含油脂量中等的样品如糕点类等，称取 100g 样品，置于 500mL 具塞锥形瓶中，加入 100~200mL 石油醚，放置过夜后用快速滤纸过滤，减压回收溶剂。

③ 含油脂量较低的样品如面包、饼干等，称取 200~300g 样品，置于 500mL 具塞锥形瓶中，加入 200~300mL 石油醚，放置过夜后用快速滤纸过滤，减压回收溶剂。

（2）食用植物油、代可可脂等液态样品

① 常温下为液态：装入密闭容器中充分振荡混匀后直接取样。

② 常温下为固态：置于比其熔点高 10℃ 的水浴锅或恒温干燥箱内，加热至完全溶化后取样。若样品经过乳化加工，需加入石油醚旋蒸后得到油脂。

2. 测定

（1）过氧化值的测定　称取经上述制备的油脂样品 2~3g（精确至 0.001g），置于 250mL 碘量瓶中，加入 30mL 三氯甲烷-冰乙酸混合溶液充分混合，样品完全溶解后加入 1.00mL 碘化钾饱和溶液。塞紧瓶塞后振摇 30s，在暗处放置 3min，取出加入 100mL 蒸馏水充分混合。立即用硫代硫酸钠标准溶液进行滴定（0.002mol/L）至溶液呈淡黄色时，加入 1mL 淀粉指示剂，溶液变为蓝紫色，继续滴定至蓝紫色刚好消失且 30s 内不变色。记录硫代硫酸钠标准溶液消耗的体积 V_1。做三次平行实验，同时做空白实验，记录消耗硫代硫酸钠体积 V。

（2）酸价的测定　精确称取上述制备的油脂样品 3.00~5.00g，置于锥形瓶中，加入 50mL 中性乙醚-乙醇混合溶液，振荡溶解，必要时可置于热水中加快溶解速度，冷却至室温后加入 2~3 滴酚酞指示剂。用 0.1mol/L 的氢氧化钾标准溶液进行滴定，当溶液出现微红色且 30s 内不褪色时停止滴定，记录消耗氢氧化钾标准液的体积 V_1。做三次平行实验，同时做空白实验，记录消耗氢氧化钾溶液体积 V。

滴定示意图如图 4-1 所示：

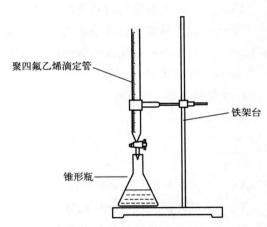

图 4-1　滴定示意图

3. 结果记录

（1）过氧化值的测定结果记录

样品质量 m/g			第一次	第二次	第三次	平均值
消耗硫代硫酸钠的体积/mL						
	V_1					
	V_0					

（2）酸价的测定结果记录

样品质量 m/g			第一次	第二次	第三次	平均值
消耗氢氧化钾的体积/mL						
	V_1					
	V_0					

4. 计算

（1）过氧化值的计算

$$X_1 = \frac{(V_1 - V_0) \times C \times 0.1269}{m} \times 100$$

式中　X_1——样品的过氧化值，g/100g；

V_1——试样消耗硫代硫酸钠的体积，mL；

V_0——空白实验消耗硫代硫酸钠的体积，mL；

C——硫代硫酸钠标准溶液的浓度，mol/L；

0.1269——与 1.00mL 硫代硫酸钠标准滴定溶液相当的碘的质量，g/mmol；

m——样品质量，g。

（2）酸价的计算

$$X_1 = \frac{(V_1 - V_0) \times C \times 56.1}{m}$$

式中　X_1——样品的酸价，mg/mL；

V_1——试样消耗氢氧化钾的体积，mL；

V_0——空白实验消耗氢氧化钾的体积，mL；

C——氢氧化钾标准溶液的浓度，mol/L；

56.1——氢氧化钾的摩尔质量，g/mol；

m——样品的质量，g。

七、注意事项

① 本实验中所用的试剂在保存和实验操作过程中应避免阳光直射和带入空气。

② 饱和碘化钾溶液中不能含有游离碘和碘酸盐。

③ 估计过氧化值在 0.15g/100g 及以下的样品，用 0.002mol/L 的硫代硫酸钠进行滴定；过氧化值＞0.15g/100g 的样品，用 0.01mol/L 的硫代硫酸钠滴定。

④ 三氯甲烷和冰乙酸的比例、加入碘化钾的静置时间和加水量的多少都会影响测定结果，要按照规定方法进行测定。

⑤ 测定酸价时，对于颜色较深的油脂样品，可减少取样量，适当增加溶剂（乙醚-乙醇混合溶液）的用量，指示剂可选用酚酞和麝香草酚酞。

⑥ 在测定酸价时若选用蓖麻油为样品，则需用中性乙醇作为溶剂。

⑦ 在测定酸价时若出现混浊或分层现象，则表明碱液中水分过多，可补加 95％的乙醇促进均一相体系形成。

八、思考题

1. 实验中用到的乙醚可以换成其他溶剂吗？如石油醚，为什么？

2. 本实验中的试剂为何要在保存和使用时避光？

3. 加入碘化钾后静置时间的长短会对测定结果有什么影响？

实验二   食品中总酸度和有效酸度的测定

食品中的酸味物质主要包括果蔬产品中的柠檬酸、酒石酸、醋酸，以及鱼、肉类制品中的乳酸等物质，这些物质不仅为食品提供了特殊的风味，而且在食品的加工、贮藏及品质管理方面有重要意义。食品中的总酸度也称为"可滴定酸度"，是指食品中所有酸性成分的总量，包括未解离的酸（结合态、酸式盐）浓度和已解离的酸（游离态）浓度。本实验中的方法参考国标《食品安全国家标准　食品中总酸的测定》（GB 12456—2021）。

有效酸度是指被测溶液中的 H^+ 浓度，反映的是已解离的酸的浓度，常用 pH 来表示，可以利用 pH 计进行直接测定。

一、实验目的

1. 了解食品中总酸度和有效酸度的测定方法，pH 标准溶液的配制。
2. 掌握 pH 计电位滴定法和 pH 计的使用方法。

二、实验方法

电位滴定法、pH 计法。

三、实验原理

食品中的有机酸（如柠檬酸、苹果酸、酒石酸等），与碱发生酸碱中和反应生成盐类，以 pH 值达到 8.2 左右为指示终点，通过消耗碱液的体积计算总酸含量。反应式如下：

$$RCOOH + NaOH \longrightarrow RCOONa + H_2O$$

食品中的有效酸度可以通过 pH 计测定，在不含 CO_2 的液体食品中插入电极构成电化学原电池，通过测定该原电池的电动势，在 pH 计上读出 pH 值，原理公式如下：

$$E = E_0 - 0.059(25℃)$$

式中　E——电池电动势；

　　　E_0——标准电极电位。

四、适用范围

果蔬制品、饮料制品、乳制品、酒类。

五、实验材料和仪器

1. 材料

（1）不含二氧化碳的水　将水煮沸 15min 后冷却密闭保存。

（2）氢氧化钠标准溶液（0.1mol/L）　称取氢氧化钠（NaOH）100g，加入 100mL 无二氧化碳的水，充分混匀后置于聚乙烯塑料瓶中，放置数日后取 5mL 上清液，用不含二氧化碳的水稀释至 1000mL。或直接购买标准溶液。

（3）pH 8.0 缓冲溶液　取 5.59g 磷酸氢二钾和 0.41g 磷酸二氢钾，用水定容至 1000mL 备用。

2. 仪器

酸度计（pH 0~14，精度±0.1pH）；磁力搅拌器；水浴锅；聚四氟乙烯滴定管或碱氏滴定管（25mL，最小分度0.1mL）；容量瓶（1000mL）；烧杯（250mL，100mL）；量筒（100mL）。

六、实验步骤

1. 样品制备

（1）固体样品 干制果蔬、蜜饯、罐头制品等，取200g左右样品于研钵或组织粉碎机中，加入与样品等质量的煮沸后的水，研磨捣碎后用滤纸过滤，弃取前25mL滤液，剩余滤液置于密闭容器备用。

（2）含CO_2的饮料、酒类 样品置于40℃水浴条件加热30min（或于电炉上边搅拌边加热至微沸后保持5min），冷却后装入密闭容器备用。

（3）其他不含CO_2的液体制品 样品混匀后直接取样，必要时可加水稀释，若样品较混浊则需要过滤后使用。

2. 测定

（1）总酸度的测定

① 校正酸度计：开启酸度计电源，预热5～10min，连接电极，在读数开关放开的情况下调零，设置温度。将电极浸入缓冲溶液中，测量pH 6.86缓冲溶液，按"标定"确认，再测量pH 9.18缓冲溶液，按"斜率"确认。两点法标定pH计。

② 选用柳橙汁为样品，量取50mL样品置于250mL烧杯中，将烧杯放到磁力搅拌器上，浸入酸度计电极，按下pH读数开关，开动搅拌器，迅速用0.1mol/L氢氧化钠标准溶液开始滴定，观察pH计读数变化，接近滴定终点时放慢滴定速度，一次滴加半滴，直至pH读数为8.2停止滴定，记录氢氧化钠标准溶液的消耗体积V_1，做三次平行实验，同时用不含CO_2的水做空白实验。

滴定示意图如图4-2所示：

（2）有效酸度的测定

① 校正酸度计：参照总酸度测定方法中的校正方法进行校正。

② 选用柳橙汁为样品，量取50mL样品置于100mL烧杯中，用蒸馏水冲洗pH计的电极，用滤纸吸干后插入样品溶液中，轻轻摇动使溶液均匀，待仪器上示数稳定后读出溶液的pH值。做三次平行实验。

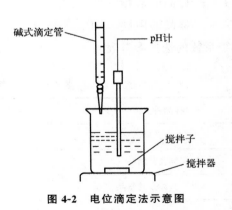

图4-2 电位滴定法示意图

3. 结果记录

（1）总酸度测定记录

样品用量 m/mL 消耗氢氧化钠的体积/mL	第一次	第二次	第三次	平均值
V_1				
V_0				

（2）有效酸度测定记录

pH 计读数记录	第一次	第二次	第三次	平均值

4. 计算

$$X = \frac{C \times (V_1 - V_0) \times K \times F}{m} \times 1000$$

式中　X——样品中总酸的含量，g/kg；

　　C——氢氧化钠标准溶液的浓度，mol/L；

　　V_1——样品消耗氢氧化钠标准溶液的体积，mL；

　　V_0——空白实验消耗氢氧化钠标准溶液的体积，mL；

　　K——换算成为各种有机酸的系数；

　　F——样品的稀释倍数；

　　m——样品的用量，mL。

换算系数的选择参考表 4-1：

表 4-1　常见有机酸的换算系数

样品种类	主要含有机酸	换算系数 K
葡萄及其制品	酒石酸	0.075
柑橘类及其制品	柠檬酸	0.064 或 0.070（带 1 分子结晶水）
苹果、核果及其制品	苹果酸	0.067
乳品、肉类、水产品及其制品	乳酸	0.090
酒类、调味品	乙酸	0.060
菠菜	草酸	0.045

七、注意事项

① 本实验在样品浸渍、稀释用的蒸馏水中不能含有 CO_2。

② 每次测量之后进行下一次操作之前，应该用蒸馏水或去离子水清洗电极，再用被测样液清洗一次电极。

③ 取下电极保护套时应避免电极与硬物接触，测量结束后及时将保护套戴上，电极套中可以放少量 KCl 溶液保持电极湿润。

④ 电极应避免长期浸在蒸馏水、蛋白质溶液和酸性氟化物溶液中，也应避免与有机硅油接触。

八、思考题

1. 食品中总酸度和有效酸度的测定有什么意义？

2. 为什么浸渍、稀释样品所需的水中不能含有 CO_2？

3. 若选用指示剂滴定法，对样品有什么要求？选用什么指示剂？为什么？

实验三 挥发性盐基氮的测定

挥发性盐基氮（TVB-N）是指动物性食品（如肉制品等）中的蛋白质在细菌和酶的作用下分解成碱性的含氮物质（如胺类），例如酪氨酸在脱氢酶的作用下产生酪胺，组氨酸脱羧基产生组胺，赖氨酸脱羧基产生尸胺。这些物质的含量与动物性食品的新鲜度有着对应关系，因此用该指标来评价动物性食品的新鲜度。本实验参考国标《食品国家安全标准　食品中挥发性盐基氮的测定》（GB 5009.228—2016）中的微量扩散法。

一、实验目的

1. 了解挥发性盐基氮测定的意义。

2. 掌握微量扩散法的操作过程。

二、实验方法

微量扩散法。

三、实验原理

挥发性盐基氮（TVB-N）具有挥发性，与碱性物质相互作用，以氨的形式随着水蒸气释放出来，用硼酸溶液吸收，通过标准酸溶液滴定计算出 TVB-N 的含量。

四、适用范围

肉类制品、鱼类、腌制蛋类。

五、实验材料和仪器

1. 材料

（1）水溶性胶　称取 10g 阿拉伯胶，加入 10mL 水、5mL 甘油（$C_3H_8O_3$）及 5mL 碳酸钾（K_2CO_3），混匀备用。

（2）硼酸溶液（20g/L）　称取 20g 硼酸（H_3BO_3），加水溶解后定容至 1000mL，混匀备用。

（3）饱和碳酸钾溶液　称取 50g 碳酸钾（K_2CO_3），加入 50mL 水，可微加热助溶，取上清液备用。

（4）盐酸标准溶液（0.01mol/L）　标定前用 0.1mol/L 的盐酸标准溶液稀释备用。

（5）甲基红乙醇溶液（1g/L）　称取 0.1g 甲基红（$C_{15}H_{15}N_3O_2$），用 95% 乙醇稀释至 100mL。

（6）溴甲酚绿乙醇溶液（1g/L）　称取 0.1g 溴甲酚绿（$C_{21}H_{14}Br_4O_5S$），用 95% 乙醇稀释至 100mL。

（7）指示剂混合液　甲基红乙醇溶液与溴甲酚绿乙醇溶液以 1:5 的比例混合。

2. 仪器

天平（0.001g）；搅拌机；移液管（10.0mL）；移液枪（1mL 枪头）；扩散皿（玻璃质，有内外室，带磨砂玻璃盖）；恒温箱［（37±1）℃］；微量滴定管（10mL，最小分度 0.01mL）。

六、实验步骤

1. 样品制备

鲜肉（或冻肉）除去皮、骨、脂肪、筋腱，取瘦肉部分，水产品类除去外壳、皮、头部、内脏、骨刺，取可食用部分，绞碎后取用 20g 左右。肉粉、肉糜、鱼松、鱼粉可直接使用，取用 10g 左右。蛋类制品除去蛋壳、蛋膜，按照蛋:水为 2:1 的比例加入水，用搅拌机绞碎成匀浆，取用 15g 左右（计算含量时，蛋匀浆的质量乘以 2/3 即为样品质量）。液体样品吸取 10mL 或 25mL 于具塞锥形瓶中，准确量取 100mL 水加入，振摇均匀，浸渍 30min 后过滤，滤液及时使用，不能及时使用的滤液置于冰箱 0~4℃ 备用。

2. 测定

本实验选用咸蛋制品，除去蛋壳、蛋膜，按照 2:1 的比例加入适量的水，用搅拌机搅拌成匀浆，称取 15g 左右。

将水溶性胶涂于扩散皿的边缘，在皿中央内室加入 1mL 硼酸溶液和 1 滴混合指示剂，在皿外室准确加入 1.0mL 样品，盖上磨砂玻璃盖，凹口开口处与扩散皿边缘仅留能插入移液枪枪头或滴管的缝隙，从缝隙处快速加入 1mL 饱和碳酸钾溶液，立即平推磨砂玻璃盖，将扩散皿盖严密，在桌子上以圆周运动方式轻轻转动，使样液和饱和碳酸钾溶液充分混合。然后放置于（37±1）℃ 保温箱内保持 2h，冷却至室温，揭去盖子，用 0.01mol/L 的盐酸标准溶液滴定，滴定终点为指示剂混合液变成紫红色且 30s 内不褪色，记录消耗盐酸标准溶液的体积，做三次平行实验并进行空白实验。

扩散皿示意图如图 4-3 所示：

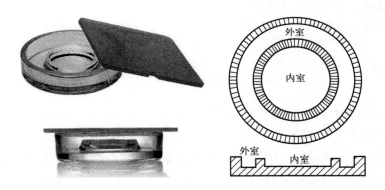

图 4-3　扩散皿

酸式滴定示意图如图 4-4 所示：

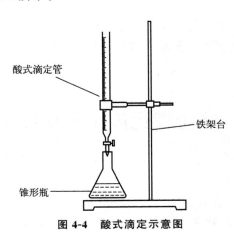

图 4-4　酸式滴定示意图

3. 结果记录

样品质量 m/g 消耗盐酸的体积/mL	第一次	第二次	第三次	平均值
V_1				
V_0				

4. 计算

$$X = \frac{(V_1 - V_0) \times C \times 14}{m} \times 100$$

式中　X——样品中挥发性盐基氮的含量，mg/100g；

　　　V_1——样品消耗盐酸标准溶液的体积，mL；

　　　V_0——空白实验消耗盐酸标准溶液的体积，mL；

　　　C——盐酸标准溶液的浓度，mol/L；

　　　m——样品的质量，g。

七、注意事项

① 在加入样品盖上扩散皿的玻璃盖后，透过磨砂玻璃盖观察水溶性胶是否严密，如有密封不严处，需重新涂抹水溶性胶。

② 指示剂中的溴甲酚绿乙醇溶液也可以换成亚甲基蓝乙醇溶液（1g/L），混合指示剂可以按照甲基红乙醇溶液与亚甲基蓝乙醇溶液 2∶1 的比例混合制成，滴定终点为蓝紫色。

八、思考题

1. 测量挥发性盐基氮的方法还有哪些？测定原理是什么？
2. 测量出的挥发性盐基氮高或者低分别有什么含义？

实验四　淀粉糊化度（熟化度）的测定

淀粉的糊化是指淀粉悬浮液在一定温度下，淀粉颗粒吸水膨胀，体积增大，淀粉颗粒破裂，成为黏稠状胶体溶液的过程。糊化的本质是淀粉中晶质与非晶质态的淀粉分子间的氢键断开，微晶束分离，形成一种间隙较大的立体网状结构，淀粉颗粒中原有的微晶结构被破坏。糊化度是指淀粉中糊化淀粉与全部淀粉量之比的百分数。淀粉的糊化度越高，越容易被酶水解，有利于消化吸收。

糊化后的淀粉，在黏度、强度、韧性等方面更加适口，同时由于糊化淀粉更容易被淀粉酶水解，更有利于人体的消化吸收，所以在烹饪加工中应用也非常广泛。如富含淀粉的食品原料的熟制品、挂糊、上浆、勾芡，利用糊化淀粉改善菜肴口感，而快速准确检测和实时监控原料淀粉糊化特性的变化，对提高食品加工及产品质量、降低生产成本具有十分重要的意义。

目前，对于淀粉糊化度的主要研究方法有酶水解法、黏度测定法、双折射法、DSC 技术、近红外光谱分析技术、X-衍射以及核磁共振光谱技术等。

一、实验目的

1. 了解淀粉糊化度的原理。
2. 了解淀粉糊化度的各种测定方法。
3. 掌握淀粉糊化、淀粉糊化度的概念和应用。

二、实验方法

酶水解法。

三、实验原理

淀粉经糊化后才能被淀粉酶作用，未糊化的淀粉不能被淀粉酶利用。加工样品中的淀粉通常为部分糊化，因此需要测定其糊化度。将样品完全糊化后分别用淀粉酶（本实验使用的是糖化酶）水解，测定释放出的葡萄糖，以样品的葡萄糖释放量与同一来源的完全糊化的样品的葡萄糖释放量来表示淀粉的糊化度。

四、实验材料和仪器

1. 材料

① 缓冲液：将 3.7mL 冰醋酸和 4.1g 无水硫酸钠（或 6.8g $NaC_2H_3O_2 \cdot 3H_2O$）溶于大致 100mL 蒸馏水中，定容至 100mL，必要时可滴加乙酸或乙酸钠调整 pH 值至 4.5±0.05。

② 酶溶液：将葡萄糖淀粉酶（糖化酶）溶于 100mL 蒸馏水中，过滤。

③ 蛋白质沉淀剂：10％ $ZnSO_4 \cdot 7H_2O$，蒸馏水溶液，0.5mol/L NaOH。

④ 铜试剂：将 40g $Na_2CO_3 \cdot 5H_2O$ 溶于大致 400mL 蒸馏水中，加 7.5g 酒石酸，溶解后加 4.5g $CuSO_4 \cdot 5H_2O$，混合并稀释至 100mL。

⑤ 磷钼酸试剂：取 70g 钼酸和钨酸钠，加入 400mL 10％ NaOH 和 400mL 蒸馏水，煮沸 20～40min 以驱赶 NH_3，冷却，加蒸馏水至大约 700mL，加 250mL 浓磷酸（85％ H_3PO_4），用蒸馏水稀释至 1000mL。

2. 仪器

电子天平（感量 0.001g）；恒温水浴锅；分光光度计。

五、实验步骤

① 准确称取两份样品（碎米粉）各 100mg 于 25mL 刻度试管。其中一份用于制备完全糊化样品，另一份为测定样品。

a. 完全糊化样品：向样品中加入 15mL 缓冲液，记录液面高度。混匀，沸水浴 50min，冷却，补加缓冲液恢复液面高度。

b. 待测样品：向样品中加入 15mL 缓冲液。

c. 空白管：取 1 支空的 25mL 刻度试管，直接加入 15mL 缓冲液，不用加样品。

② 向上述 3 支刻度试管，分别加入 1mL 酶溶液，摇匀，40℃水浴 50min，每隔 15min 摇动一次，加 20mL 10％ $ZnSO_4 \cdot 7H_2O$，摇匀加 1mL 0.5mol/L NaOH。加蒸馏水稀释至 25mL，混匀，过滤。

③ 准确吸取 0.1mL 滤液和 2mL 铜试剂，置于 25mL 刻度试管中。

④ 将试管置于沸水浴 6min，保持沸腾，加 2mL 磷钼酸试剂，继续加热 2min。

⑤ 用自来水将试管冷却，加蒸馏水稀释至 25mL，堵住试管口，反复颠倒使之混匀。

⑥ 用分光光度计在 420nm 读取吸光度。

⑦ 实验记录。

样品	空白对照	待测样品	完全糊化样品
吸光度 1			
吸光度 2			
吸光度 3			
平均值			

⑧ 计算测定样品糊化度。

$$糊化度（\％）=\frac{测定样品吸光度－空白吸光度}{完全糊化样品吸光度－空白吸光度}\times 100\％$$

六、注意事项

① 样液与试剂的移加，应以相同的时间间隔，按照顺序依次迅速加入。

② 样品进行预处理时，为防止样品糊化程度发生变化，加热温度不能过高。

③ 要保证酶的活性一定，若活性不够，应增加酶的添加量。

七、思考题

1. 影响淀粉糊化度的因素有哪些？

2. 简述淀粉糊化机制及其主要阶段。

3. 不同种类的食品样品在测定淀粉糊化度时，在制样和测定时应注意哪些问题？

4. 简述淀粉糊化的应用。

实验五　美拉德反应初始阶段的测定

美拉德（Maillard）反应指的是含游离氨基的化合物和还原糖或羰基化合物在常温或加热时发生的聚合、缩合等反应，经过复杂的过程，最终生成棕色甚至是棕黑色的大分子物质类黑精或称拟黑素，所以又被称为羰胺反应。

除产生类黑精外，反应还会生成还原酮、醛和杂环化合物，这些物质是食品色泽和风味的主要来源。几乎所有含有羰基和氨基的食品在加热条件下均能发生美拉德反应。美拉德反应能赋予食品独特的风味和色泽，所以，美拉德反应成为食品研究的热点，与现代食品工业密不可分，在食品烘焙、咖啡加工、肉类加工、香精生产、制酒酿造等领域广泛应用。

一、实验目的

1. 了解美拉德反应的意义。

2. 进一步加深对美拉德反应机制的理解。

3. 掌握美拉德反应初始阶段的测定方法。

4. 掌握分光光度计的使用方法。

二、实验方法

分光光度法。

三、实验原理

美拉德反应即蛋白质、氨基酸或胺与碳水化合物之间的相互作用。美拉德反应开始，以无紫外吸收的无色溶液为特征。随着反应不断进行，还原力逐渐增强，溶液变成黄色，在近紫外区吸收增大，同时还有少量糖脱水变成5-羟甲基糠醛（HMF），以及发生键断裂形成二羰基化合物和色素的初产物，最后生成类黑精色素。本实验利用模拟实验：葡萄糖与甘氨酸在一定 pH 缓冲液中加热反应，一定时间后测定 HMF 的含量和在波长为 285nm 处的紫外吸光值。

HMF 的测定方法是根据 HMF 与对氨基甲苯和巴比妥酸在酸性条件下的呈色反应。此反应常温下生成最大吸收波长 550nm 的紫红色。因不受糖的影响，所以可直接测定。这种呈色物对光、氧气不稳定，操作时要注意。

四、实验材料和仪器

1. 材料

（1）巴比妥酸溶液　称取巴比妥酸 500mg，加约 700mL 水，水浴加热使其溶解，冷却后移入 100mL 容量瓶中，定容。

（2）对氨基甲苯溶液　称取对氨基甲苯 10.0g，加 50mL 异丙醇在水浴上慢慢加热使之溶解，冷却后移入 100mL 容量瓶中，加冰乙酸 10mL，然后用异丙醇定容。溶液置于暗处保存 24 小时后使用。保存 4～5 天后，如呈色度增加，应重新配制。

（3）1mol/L 葡萄糖溶液

（4）0.1mol/L 甘氨酸溶液

2. 仪器

分光光度计；水浴锅；试管。

五、实验步骤

① 取 5 支试管，分别加入 5mL 葡萄糖溶液和 0.1mol/L 赖氨酸溶液，编号为 A_1、A_2、A_3、A_4、A_5。A_2 和 A_4 调 pH 到 9.0，A_5 加亚硫酸钠溶液。5 支试管置于 90℃ 水浴锅内并计时，反应 1h，取 A_1、A_2、A_5 管，冷却后测定它们 285nm 的紫外吸光度，记录表 4-2 中。

表 4-2　285nm 处紫外吸收度

反应液	A_1	A_2	A_5
A_{285}			

② HMF 的测定：A_1、A_2、A_5 各取 2.0mL 于三支试管中，加对氨基甲苯溶液 5mL。然后分别加入巴比妥酸溶液 1mL，另取一支试管加 A_1 液 2mL 和 5mL 对氨基甲苯溶液，但不加入巴比妥酸试液而加 1mL 水，将试管充分振动。试剂的添加要连续进行，在 1～2min 内加完，以加水的试管作参比，测定在 550nm 处吸光度，记录表 4-3 中。通过吸光度比较 A_1、A_2、A_5 中 HMF 的含量可看出美拉德反应与哪些因素有关。

表 4-3　550nm 处吸光度

反应液	A_1	A_1	A_2	A_5
反应液体积数		2mL		
对氨基甲苯溶液		5mL		
巴比妥酸溶液	0		1mL	
蒸馏水	1mL		0	
A_{550}				

③ A_3、A_4 两试管继续加热反应，直到看出有深颜色为止，记下出现颜色的时间，记录在表 4-4 中。

④ 实验记录

表 4-4　总反应时间记录

反应液	A_3	A_4
总反应时间		

注意事项：HMF 显色后会很快褪色，比色时一定要快。

六、思考题

1. 试述影响美拉德反应的主要因素。
2. 如何控制美拉德反应？
3. 美拉德反应产物的作用是什么？
4. 简述美拉德反应历程。

拓展阅读：油脂营养与健康

>>> 第五章 <<<
食品中功效组分的分析

实验一 食品中总黄酮含量的测定

黄酮类化合物是广泛存在于植物中的具有酚羟基的一大类还原性化合物，是具有苯并吡喃环结构的一类天然化合物的总称，大多以苷类形式存在，且呈现黄色。其结构主要是基本母核为 2-苯基色原酮的一系列化合物。其结构分类主要有：黄酮和黄酮醇类、二氢黄酮和二氢黄酮醇类、异黄酮和二氢异黄酮类、查耳酮和二氢查耳酮类、橙酮类、花色素类、黄烷醇类、其他黄酮类等以及它们的衍生物。分析方法通常有高效液相色谱法、分光光度法。

一、实验目的

掌握总黄酮含量测定的方法。

二、实验内容

橘子皮中的黄酮含量测定。

三、实验方法

分光光度法。

四、实验原理

溶于乙醇的黄酮类化合物在弱碱性条件下，与显色剂三价铝离子结合生成有色物质，可在415nm波长附近产生最大吸收。在一定浓度范围内，其吸光度与黄酮类化合物的含量成正比。与标准曲线比较，可定量测定黄酮类化合物的含量。

五、实验材料和仪器

1. 材料

（1）95%乙醇溶液

（2）醋酸钾溶液（9.8g/L）　称取醋酸钾9.814g，加水溶解，定容于100mL容量瓶，摇匀。

（3）硝酸铝溶液（100g/L）　称取$Al(NO_3)_3 \cdot 9H_2O$ 17.6g，加水溶解，定容于100mL容量瓶，摇匀。

（4）芦丁标准溶液

芦丁对照品储备液（1.0g/L）：精确称取经120℃减压真空干燥至恒重的芦丁对照品50mg，置于50mL容量瓶中，加无水乙醇溶解并稀释至刻度，摇匀。

芦丁对照品使用液（0.2g/L）：精密吸取芦丁对照品储备液10mL，置于50mL容量瓶中，加无水乙醇至刻度，摇匀。

2. 仪器

紫外可见分光光度计；电子天平（感量0.1mg）。

六、实验步骤

1. 标准曲线

精密吸取芦丁对照品使用液1mL、2mL、3mL、4mL、5mL、6mL分别置于50mL容量瓶中。加乙醇至总体积为15mL，依次加入硝酸铝溶液1mL、醋酸钾溶液1mL，摇匀，加水至刻度，摇匀。静置1h。用1cm比色杯于415nm处，以95%乙醇溶液为空白，测定吸光度。以50mL中芦丁质量（mg）为横坐标，吸光度为纵坐标，绘制标准曲线或按直线回归方程计算。线性工作范围0～1.2mg（50mL）。

2. 空白试验

精密吸取待测试样溶液1.0mL，置于50mL容量瓶中，加乙醇至总体积为15mL，加水稀释至刻度，摇匀。

3. 样品前处理

称取已粉碎的橘子皮样品约1g，精确到1mg。置烧杯中，加入乙醇约30mL，烧杯置于65℃水浴中加热约45min，搅拌使之溶解。取出后冷却至室温，上清液使用快速滤纸过滤。

烧杯、漏斗、滤渣及滤纸用少量乙醇洗涤至滤液无色。最后用乙醇稀释至 50mL，摇匀，待测。

4. 测定

精密吸取待测试样溶液 1.0mL，置于 50mL 容量瓶中，加乙醇至总体积为 15mL，依次加入硝酸铝溶液 1mL、醋酸钾溶液 1mL，摇匀，加水至刻度，摇匀。静置 1h。

以空白试液作参比，用 1cm 比色杯，在波长 415nm 处测定试样溶液的吸光度。查标准曲线或通过回归方程计算，求出试样溶液中的黄酮类化合物含量（mg）。

$$X = \frac{m}{W \times d \times 1000} \times 100\%$$

式中 X——样品中黄酮类化合物的总含量，%；

m——由标准曲线上查出或由直线回归方程求出的样品比色液中芦丁质量，mg；

W——样品的质量或体积，g 或 mL；

d——稀释比例。

七、思考题

1. 简述分光光度法与液相色谱法对黄酮测定的特点。
2. 黄酮类化合物的主要结构有哪些？

实验二　食品中多酚类物质的测定

食品中多酚类物质广泛存在于植物的组织中，是具有苯环并结合有多个羟基化学结构酚类化合物的总称，包括黄酮类、单宁类、酚酸类以及花色苷类等。根据酚类的酸碱性可分为酸性酚类（主要是绿原酸和咖啡酸）和黄酮类化合物，又称中性酚类，如儿茶素、表儿茶素、原花青素等。多酚类物质常用极性溶剂提取，如甲醇、乙醇、乙酸乙酯、丙酮、水以及由这些溶剂按比例组成的复合溶剂。由以上溶剂直接提取的多酚物质，实质为各种多酚的混合物（总多酚提取液），不同的原料中所含酚类物质的种类不同，需要进一步的分离鉴定。常用的植物多酚总量的测定方法中较为普遍使用的方法有：酒石酸亚铁比色法、Folin-Ciocalteu 试剂比色法、高效液相色谱法等。

一、实验目的

了解食品中多酚类物质的测定。

二、实验内容

测定茶叶中的茶多酚。

三、实验方法

分光光度法。

四、实验原理

茶叶磨碎样品中的茶多酚用 70％的甲醇水溶液在 70℃ 水浴上提取，福林酚试剂氧化茶多酚中—OH 并呈蓝色，最大吸收波长 λ 为 765nm，用没食子酸校正标准定量茶多酚。

五、实验材料和仪器

1. 材料

（1）甲醇

（2）7.5％碳酸钠（Na_2CO_3）溶液

（3）70％甲醇水溶液

（4）10％福林试剂（现配） 将 20mL 福林试剂转移到 200mL 容量瓶中，用蒸馏水定容并摇匀。

（5）没食子酸标准储备溶液（1000μg/mL） 称取（0.110±0.001)g 没食子酸（GA）于 100mL 容量瓶中溶解并定容至刻度，摇匀（现配）。

（6）没食子酸工作液 用移液管分别移取 1.0mL、2.0mL、3.0mL、4.0mL、5.0mL 的没食子酸标准储备溶液于 100mL 容量瓶中，分别用蒸馏水定容至刻度，摇匀，浓度分别为 10μg/mL、20μg/mL、30μg/mL、40μg/mL、50μg/mL。

2. 仪器

分析天平：感量 0.001g；分光光度仪；离心机；水浴：（70±1)℃。

六、实验步骤

1. 供试液的制备

母液：称取 0.2g（精确到 0.001g）均匀磨碎的试样于 10mL 离心管中，加入在 70℃ 预热过的 70％甲醇水溶液 5mL，用玻璃棒充分搅拌均匀，立即移入 70℃ 水浴中，浸提 10min

（隔5min搅拌一次），浸提后冷却至室温，3500r/min离心10min，将上清液转移至10mL容量瓶。残渣再用5mL的70％甲醇水溶液提取一次，重复以上操作。合并提取液定容至10mL，摇匀，待用。

测试液：移取母液1.0mL于100mL容量瓶中，用水定容至刻度，摇匀，待测。

2. 测定

用移液管分别移取没食子酸工作液、水（作空白对照用）及测试液各1.0mL于刻度试管内，在每个试管内分别加入5.0mL的福林试剂，摇匀。反应3～8min，加入4.0mL 7.5％碳酸钠（Na_2CO_3）溶液，加水定容至刻度，摇匀。室温下放置60min。用10mm比色皿、在765nm波长条件下用分光光度计测定吸光度（A、A_0）。

3. 标准曲线制作

根据没食子酸工作液的吸光度（A）与各工作溶液的没食子酸浓度，制作标准曲线。

4. 结果计算

比较试样和标准工作液的吸光度，按下式计算：

$$c_{TP} = \frac{(A - A_0) \times V \times d \times 100}{SLOPE_{Std} \times w \times 10^6 \times m}$$

式中 c_{TP}——茶多酚含量，％；

A——样品测试液吸光度；

A_0——空白液吸光度；

$SLOPE_{Std}$——没食子酸标准曲线的斜率；

m——样品质量，g；

V——样品提取液体积，mL；

d——稀释因子（通常1mL稀释成100mL，则其稀释因子为100）；

w——样品干物质含量（质量分数），％。

七、注意事项

样品吸光度应在没食子酸标准工作曲线的标准范围内，若样品吸光度高于50μg/mL浓度的没食子酸标准工作溶液的吸光度，则应重新配制高浓度没食子酸标准工作液进行校准。

八、思考题

1. 茶多酚类物质还可以采用其他什么技术方法进行提取？

2. 茶叶中多酚类物质测定前一般采用什么溶剂提取？

实验三 食品中粗多糖含量的测定

多糖是由 10 个以上的单糖聚合而成的生物高分子，是一类分子结构复杂且庞大的糖类物质。多糖包含均多糖和杂多糖，前者是由同一种单糖组成，后者则是由两种以上不同的单糖组成。多糖除含有单糖外，还含有糖醛酸、氨基糖、糖醇、脱氧糖等基团。多糖按来源可分为动物多糖、植物多糖和微生物多糖；按酸碱性可分为酸性多糖、中性多糖及碱性多糖；按溶解性可分为水溶性多糖、水不溶性多糖等。苯酚-硫酸法是测定多糖最常用的一种方法。

一、实验目的

掌握测定粗多糖含量的原理。

二、实验内容

食用菌、枸杞、葡萄、枣类、果汁等植物源性食品中粗多糖含量的测定。

三、实验方法

采用苯酚-硫酸法测定。

四、实验原理

多糖在浓硫酸作用下，水解成单糖，并迅速脱水生成糠醛衍生物，与苯酚缩合成橙黄色化合物，在一定范围内其颜色深浅与糖的含量成正比，且在 490nm 波长下具有最大吸收峰，通过比色法测定含量。

五、实验材料和仪器

1. 材料

① 硫酸（H_2SO_4）。

② 无水乙醇（C_2H_6O）。

③ 苯酚（C_6H_6O）。

④ 80％乙醇溶液。

⑤ 葡萄糖（$C_6H_2O_6$）：使用前应于105℃恒温烘干至恒重。

⑥ 80％苯酚溶液：称取80g苯酚于100mL烧杯中，加水溶解，定容至100mL后转至棕色瓶中，置4℃冰箱中避光贮存。

⑦ 5％苯酚：吸取5mL苯酚溶液，溶于75mL水中，混匀，现用现配。

⑧ 100mg/L标准葡萄糖溶液：称取0.1000g葡萄糖于100mL烧杯中，加水溶解，定容至1000mL，置4℃冰箱中贮存。

⑨ 1mg/mL葡萄糖标准溶液：精密称取105℃干燥至恒重的葡萄糖0.5g（精确至0.0001g），加适量水溶解，转移至500mL容量瓶中，加水稀释至刻度，摇匀，即得1.000mg/mL的葡萄糖标准溶液。

2.仪器

分光光度计；恒温水浴锅；容量瓶；离心机；恒温干燥箱。

六、实验步骤

1.样品中淀粉、糊精有无的判定

参照附录一进行判定。若样品中含有淀粉和糊精，则此样品中多糖含量的测定不适用于本方法。若样品中不含淀粉和糊精，则进行下一个测定步骤。

2.试样制备

（1）枸杞干果、葡萄干、杏干等果脯样品　将待测固体样品置于冷冻状态进行干燥后进行粉碎，粉碎后样品过20mm孔径筛，混合均匀。

（2）香菇、平菇、灵芝等菌类样品　将待测样品干燥，粉碎后过20mm孔径筛，混合均匀。

（3）葡萄、大枣等水果样品　将待测样品去皮、去核，干燥粉碎后过20mm孔径筛，混合均匀。

试样于－18℃冰箱内保存。制样和样品保存过程中，应防止样品受到污染和待测物损失。

3.样品处理

称取样品0.2～1.0g（精确到0.001g），于50mL具塞离心管内。用5mL水浸润样品，缓慢加入20mL无水乙醇，同时使用涡旋振荡器振摇，使混合均匀，置超声波提取器中超声提取30min。提取结束后，于4000r/min离心10min，弃去上清液。不溶物用10mL80％乙醇溶液洗涤、离心。用水将上述不溶物转移入圆底烧瓶，加入50mL水，于120W超声提取30min，重复2次。冷却至室温，过滤，将上清液转移至200mL容量瓶中，残渣洗涤2～3

次，洗涤液转至容量瓶中，加水定容。此溶液为样品测定液（如颜色过深，可通过 C18 SPE 小柱等进行脱色处理）。

如样品多糖含量较高，可适当稀释后再进行分析测定。

4. 标准曲线

分别吸取 0mL、0.2mL、0.4mL、0.6mL、0.8mL、1.0mL 的标准葡萄糖工作溶液置 20mL 具塞玻璃试管中，用蒸馏水补至 1.0mL。向试液中加入 1.0mL 苯酚溶液，然后快速加入 5.0mL 硫酸（与液面垂直加入，勿接触试管壁，以便与反应液充分混合），静置 10min。使用涡旋振荡器使反应液充分混合，然后将试管放置于 30℃ 水浴中反应 20min，490nm 测吸光度。以葡聚糖或葡萄糖质量浓度为横坐标，吸光度值为纵坐标，制定标准曲线。

5. 比色测定

吸取 1.00mL 样品测定液于具塞试管中，按上述操作测定吸光度，并进行空白试验。

6. 结果计算

$$X = \frac{m_1 \times V_1}{m_2 \times V_2} \times 0.9 \times 10^{-4}$$

式中　X——样品中粗多糖质量分数，g/100g；

　　　m_1——从标准曲线上查得样品测定液中含糖量，μg；

　　　V_1——样品定容体积，mL；

　　　V_2——比色测定时所移取样品测定液的体积，mL；

　　　m_2——样品质量，g；

　　　0.9——葡萄糖换算成葡聚糖的校正系数。

七、思考题

苯酚-硫酸法测定多糖注意事项有哪些？

实验四　多糖中的单糖组分分析

多糖是由多个单糖分子缩合、失水而成，是一类分子结构复杂且庞大的糖类物质。凡符合高分子化合物概念的碳水化合物及其衍生物均称为多糖。多糖的结构单位是单糖，多糖分子量从几万到几千万。结构单位之间以糖苷键相连接，常见的糖苷键有 α-1,4、β-1,4 和 α-1,6。结构可以连成直链，也可以形成支链。由一种类型的单糖组成的有葡萄糖、甘露聚糖、半乳聚糖等，由两种以上的单糖组成的杂多糖有葡糖胺、葡聚糖等。在化学结构上，就分子量而论，有从 0.5 万个分子组成的到超过 10^6 个分子的多糖。比 10 个少的短链的称为寡糖。

一、实验目的

了解多糖中中性单糖组分的测定。

二、实验内容

枸杞单糖组分的测定。

三、实验原理

多糖在加热条件下通过三氟乙酸（TFA）水解一定时间可完全水解为单糖，减压除去三氟乙酸（TFA），然后对多糖水解产物进行还原和乙酰化处理，并用氯仿萃取，供 GC 分析。

四、实验材料和仪器

1. 材料

（1）标准单糖系列　山梨糖、D-半乳糖、果糖、葡萄糖、岩藻糖、鼠李糖、阿拉伯糖、木糖、甘露糖。

（2）其它分析纯反应试剂　三氟乙酸（TFA）；冰乙酸；醋酸酐；硼氢化钠；甲醇；氯仿等。

2. 仪器

气相色谱，带 FID 检测器；色谱柱：DB-1701 或 HP-5 毛细管色谱柱（规格：30m×320μm×0.25μm）；烘箱；50mL 带磨口塞的圆底烧瓶；分液漏斗。

五、实验步骤

1. 九种标准单糖的乙酰化

根据分子量分别精确称取 L-山梨糖 1.8mg、D-半乳糖 1.8mg、果糖 1.8mg、D-葡萄糖 1.8mg、L-岩藻糖 1.64mg、L-鼠李糖 1.64mg、L-阿拉伯糖 1.5mg、D-木糖 1.5mg、D-甘

露糖 1.8mg 至 50mL 反应容器中（配成等浓度 2mmol/L 的溶液），再分别将标准单糖溶于 5mL 蒸馏水中。加入 40~50mg 硼氢化钠（$NaBH_4$ 稍过量），在室温下还原 3h 以上，然后用冰乙酸中和过量的 $NaBH_4$（至无气泡产生），加入少量甲醇在旋转蒸发仪减压浓缩蒸干，此步骤重复 4~5 次，真空干燥过夜。次日加 5mL 醋酸酐，振荡混匀后于 100℃反应下 1h，然后加入少量甲醇减压浓缩蒸干，完成乙酰化。

将乙酰化后的产物用氯仿溶解后转移至分液漏斗中，加入适量蒸馏水充分振荡后，除去上层水溶液，如此反复 3~4 次。倒出氯仿层后以适量无水硫酸钠干燥后吸出定容至 10mL 滤膜过滤待用，供 GC 分析。

2. 混合标准品的配制

分别精确量取乙酰化后的标准单糖溶液各 1mL 混匀制成混合标准品，供 GC 分析。

3. 枸杞多糖样品的乙酰化处理

准确称取 10mg 枸杞多糖样品，放入 50mL 圆底烧瓶中，加入 5mL 2mol/L 的三氟乙酸（TFA），110℃下水解 2h（注意水解时容器的密闭性），水解液取出后静置冷却，然后在低于 40℃的条件下在旋转蒸发仪上减压蒸干，为了完全除去三氟乙酸，要加入 3mL 甲醇后继续减压浓缩蒸干，重复 4~5 次。然后按 2 中方法对多糖水解产物进行相同条件下的还原和乙酰化处理，最后用氯仿定容至 10mL 待用，供 GC 分析。

4. 气相色谱分析条件

色谱条件：设置初温为 150℃，以 10℃/min 的升温速度升至 220℃后恒温 30min；分流比为 25:1，进样口温度为 230℃，检测器温度 255℃；气体流量为氢气 35mL/min，尾吹气 35mL/min，空气 400mL/min，进行气相色谱分析，并面积法定量积分。

5. 外标法定量单糖含量

选枸杞多糖样品中各单糖作为标准，将单糖成分乙酰化后配制成 12mmol/L 的溶液。乙酰化产物依次稀释至 8mmol/L、4mmol/L、2mmol/L，进行 GC 分析后，利用外标法以单糖的浓度为横坐标，峰面积为纵坐标绘制出单糖含量的标准曲线，定量样品多糖中单糖含量。

六、思考题

单糖还可以用其他什么分析方法测定？

实验五　食品中皂苷含量的测定

　　皂苷广泛存在于植物中，在百合科、薯蓣科、玄参科、豆科、远志科、五加科等植物中含量较高。皂苷结构复杂，且彼此差异较大。按皂苷元的化学结构，皂苷可分为两大类：一类为甾体皂苷，多由 27 个碳原子所组成，主要来源于百合科、薯蓣科和玄参科；另一类为三萜皂苷，多由 30 个碳原子组成，主要来源于五加科、远志科、葫芦科和豆科。

　　皂苷对人体的新陈代谢起着重要的生理作用。它可以抑制血清中脂类氧化，防止过氧化脂质对肝的损伤和动脉硬化，具有抗衰老的作用。某些皂苷还具有解热、镇静、抗肿瘤等作用。个别皂苷有特殊的生理活性，如人参皂苷能促进 DNA 和蛋白质的合成，提高机体的免疫力；三七皂苷具有扩张冠状血管、降低心肌耗氧、保护心脏的功效；远志、桔梗皂苷等有祛痰止咳的作用；柴胡皂苷有抗菌活性；大豆皂苷具有降低胆固醇、抗血栓功效等。

　　常见的分析方法有分光光度法、薄层扫描法、气相色谱法、高效液相色谱法、高效液相-质谱联用法等。分光光度法常用于总皂苷的测定；高效液相色谱法是目前检测皂苷类成分最常见的方法。

一、实验目的

　　了解食品中总皂苷含量测定的原理。

二、实验方法

　　分光光度法。

三、实验原理

　　采用香草醛高氯酸分光光度法测定总皂苷含量。皂苷在强氧化性酸的作用下脱氢，再与香草醛加成显色，形成特征的紫红色化合物。在一定浓度范围内，吸光度与皂苷类化合物的含量成正比，符合朗伯-比尔定律。

四、实验材料和仪器

1. 材料

① 无水乙醇、香草醛、冰醋酸、高氯酸、无水氧化铝，所用试剂均为分析纯。

② XAD-2 大孔树脂：纯度≥98%。

③ 香草醛-冰醋酸溶液（5%）：精确称取 5g（精确至 0.0001g）香草醛，用冰醋酸溶解定容至 100mL。

④ 乙醇溶液（70%）：量取 700mL 无水乙醇，用水溶解定容至 1000mL。

⑤ 标准品：人参皂苷（Re，CAS 号：52286-59-6），纯度≥99.0%。

⑥ 人参皂苷 Re 标准溶液配制：准确称取 20mg（精确至 0.1mg）Re 标准品，用 70% 乙醇溶解定容至 50mL，此溶液中人参皂苷含量为 400mg/L。于 4℃冰箱中避光保存。

2. 仪器

紫外可见分光光度计；分析天平；电热恒温水浴锅；玻璃色谱柱：10mm×40cm（内径×长度）。

五、实验步骤

1. 试样制备

（1）固体试样　称取粉碎均匀的固体试样 5g（精确至 0.0001g）于 100mL 烧杯中，加入 30mL 70%乙醇溶液，超声 30min，用 70%乙醇溶液定容至 50mL 容量瓶。离心至澄清，过滤备用。

（2）液体试样　精确吸取 5.0mL 液体试样于 50mL 容量瓶中，用 70%乙醇溶液定容，摇匀，备用。当稀释后的试样基质较复杂时，需过滤至澄清液备用。

2. 样品提取

（1）色谱柱的预处理　取适量树脂于烧杯中，使用无水乙醇浸泡至覆盖树脂 2.5~5cm，缓慢搅拌树脂 1min 以充分混合，静置 2h。倒出乙醇，用蒸馏水冲洗，直至无醇味。然后再用等量的无水乙醇洗涤，充分混合静置 20min，再用蒸馏水洗至无醇味。对活化后的树脂进行分装，每份树脂质量为 5g，备用。

（2）样品纯化　精确吸取 2.0mL 制备的试样加入 5g（精确至 0.0001g）活化后的树脂中，摇匀，静置 30min。将加样后的树脂移入色谱柱中，上加 2g（精确至 0.0001g）无水氧化铝，用 30mL 水洗柱，弃去洗脱液，再用 30mL 70%乙醇溶液洗脱，收集洗脱液于蒸发皿中，于 60℃水浴挥干。

3. 测定

（1）标准曲线的制作　准确吸取人参皂苷标准溶液 0.0mL、0.1mL、0.2mL、0.3mL、0.4mL、0.5mL、0.6mL 分别置于蒸发皿中，于 60℃水浴挥干，加入 0.4mL 5％香草醛-冰醋酸溶液，转动蒸发皿，使残渣溶解，再加入 1.6mL 高氯酸，混匀后移入 10mL 比色管中，70℃水浴上加热 20min，取出，冰浴冷却 2min，准确加入 5.0mL 冰醋酸，摇匀后，以 1cm 比色皿于 545nm 波长处测定其吸光度。以皂苷质量为横坐标，吸光度为纵坐标，绘制标准曲线。

（2）试样溶液的测定　在样品纯化后的蒸发皿中加入 0.4mL 5％香草醛-冰醋酸溶液，转动蒸发皿，使残渣溶解，再加入 1.6mL 高氯酸，混匀后移入 10mL 比色管中，70℃水浴上加热 20min，取出，冰浴冷却 2min，准确加入 5.0mL 冰醋酸，摇匀后，在 30min 内以 1cm 比色皿于 545nm 波长处测定其吸光度。

4. 计算

试样中总皂苷的含量用质量分数 X 表示，按下式计算：

$$X = \frac{m_1 \times V_1}{m_2 \times V_2 \times 1000} \times 100\%$$

式中　m_1——由标准曲线计算得出的待测液中总皂苷的质量，mg；

　　　V_1——制备试样的体积，mL；

　　　m_2——样品的质量，g；

　　　V_2——纯化试样的体积，mL。

所得结果应保留至小数点后一位。

六、思考题

1. 皂苷的提取方法有哪些？
2. 皂苷含量测定的注意事项有哪些？

实验六　食品中三萜含量的测定

三萜类化合物是一类由 30 个碳原子组成的重要植物次生代谢产物，在自然界中以游离形式或与糖结合成苷或酯的形式广泛存在，具有抗癌、抗病毒、降低胆固醇等药理作用。

灵芝三萜（ganoderma triterpene，GT）是在灵芝中发现的一类三萜类化合物，属于高度氧化的羊毛甾烷衍生物，是灵芝的主要化学和药效成分之一。灵芝中所含灵芝三萜具有特别显著的生理活性，迄今发现的绝大多数均分离自赤芝，各种灵芝中分离到的三萜类化合物已达 100 多种。研究发现，灵芝三萜具有如护肝、抑制组胺释放、抗高血压、抗肿瘤、抗 HIV-1 及 HIV-1 蛋白酶活性等广泛的药理活性。灵芝三萜类成分主要分布在子实体的外周部分，含量随子实体成熟度的提高而递增。三萜类化合物有些很苦，有些无苦味，其含量因品种、培养条件和不同生育阶段含量有所差别，苦味的灵芝其三萜类化合物含量一般较高。

一、实验目的

掌握灵芝中三萜含量测定的基本原理和方法。

二、实验方法

分光光度法。

三、实验原理

灵芝中三萜类化合物在酸性条件下与香草醛反应生成蓝紫色产物，在 550nm 波长下有最大吸收，吸光度与总三萜含量成正比。

四、实验材料和仪器

1. 材料

① 无水乙醇、高氯酸、冰醋酸、甲醛，所用试剂均为分析纯。

② 5％香草醛-冰醋酸溶液：称取 5g 香草醛，加入约 70mL 冰醋酸溶解，溶解后加冰醋酸定容至 100mL。

③ 齐墩果酸标准品，纯度≥99％。

④ 齐墩果酸标准储备溶液：准确称取 105℃ 干燥至恒重的齐墩果酸标准品 20mg（精确至 0.1mg），用甲醇溶解并定容至 100mL。该标准液中齐墩果酸的质量浓度为 200μg/mL，4℃冰箱密封保存，有效期 1 个月。

2. 仪器

紫外可见分光光度计；分析天平；水浴锅；超声波提取仪；离心机；样品粉碎机；0.425mm 标准筛网。

五、实验步骤

1. 样品制备

取不少于 200g 具有代表性的样品，用样品粉碎机粉碎（灵芝超细粉样品无须粉碎），过 0.425mm 标准网筛，将样品装于密封容器中，0~20℃保存备用。

2. 样品提取

称取样品 0.5g（精确至 0.0001g）至 250mL 具塞锥形瓶中，准确加入无水乙醇 50mL，盖紧塞子，摇匀，置于超声波提取仪中超声提取 1h，其间经常摇动，提取后混合均匀，取适当体积于 8000r/min 的离心机中离心 10min，取上清液作为样品提取液备用。

3. 测定

（1）标准曲线　准确移取齐墩果酸标准溶液 0mL、0.1mL、0.2mL、0.3mL、0.4mL 和 0.5mL，置于 10mL 试管中，标准品质量分别为 0μg、20μg、40μg、60μg、80μg、100μg。将试管置于温度为 90~100℃ 的水浴锅中挥干溶剂，加入 5% 香草醛-冰醋酸溶液 0.1mL，高氯酸 0.8mL，混匀后于 60℃ 水浴中保温显色 20min。取出后迅速置于冰水浴中冷却 3~5min。终止显色反应，再加入 5.0mL 冰醋酸，混匀后，室温放置 10min，立即用 1cm 比色皿，以 0 管调节零点，于波长 550nm 处测定吸光度。以齐墩果酸标准品的质量为纵坐标，相应的吸光度为横坐标，绘制标准曲线。

（2）样品测定　准确移取适量体积样品提取液于 10mL 试管中，置于温度为 90~100℃ 的水浴锅中挥干试剂，同时做试剂空白，并根据样品提取液的吸光度计算三萜含量。若样品中总三萜测定值超出标准曲线范围，应适当稀释或增加移取体积后再次测定。

（3）数据处理　样品中总三萜（以齐墩果酸计）的含量按下式计算：

$$x = \frac{m_1 \times V_1 \times f}{m_2 \times V_2 \times 10^6} \times 100$$

式中　x——样品中总三萜的含量，%；

m_1——从标准曲线上查得的样品反应液的总三萜的量（以齐墩果酸计），g；

V_1——提取时准确加入的无水乙醇体积，mL；

f——样品溶液稀释倍数；

m_2——样品的质量，g；

V_2——比色测定时移取的样品提取液的体积，mL。

总三萜的测定结果以 2 次测定结果的算术平均值表示，测定结果小数点后位数保留与方法检出限一致，最多保留 3 位有效数字。

六、思考题

三萜类化合物提取分离的方法有哪几种？

第六章
食品中添加剂含量的分析

实验一　食品中亚硫酸盐及二氧化硫含量的检测

在食品加工过程中，利用二氧化硫和亚硫酸盐的氧化性，能有效抑制食品加工过程中的非酶褐变；利用其还原性和漂白性，可使食品褪色和免于褐变，改善外观品质，也可作为防腐剂，抑制霉菌和细菌的生长，延长保质期。常用的二氧化硫添加剂有亚硫酸钠、亚硫酸氢钠、低亚硫酸钠和焦亚硫酸钠等。例如，一般在水果、蔬菜等新鲜植物性食物中，亚硫酸盐由于可以抑制多酚氧化酶的活性，防止苹果、马铃薯、蘑菇等的褐变，在干制食品时常用于控制果蔬的褐变。葡萄酒在发酵过程中充二氧化硫或用溶有二氧化硫的水来做防腐剂。啤酒生产过程中为了保持风味稳定性，往往采取在灌装前添加二氧化硫作为抗氧化剂。但是，二氧化硫及亚硫酸盐易与食品中的糖、蛋白质、色素、酶、维生素、醛、酮等发生作用，并以游离型和结合型形式残留在食品中。目前，应用于食品中二氧化硫检测方法主要有分光光度法、滴定法和离子色谱法等。

一、实验目的

1. 了解分光光度法测定食品中亚硫酸钠的实验原理。
2. 了解食品中亚硫酸盐及二氧化硫的实验操作要点及测定方法。

二、实验内容

蔬菜、水果干制食品中亚硫酸盐及二氧化硫的检测。

三、实验方法

分光光度法。

四、实验原理

样品直接用甲醛缓冲吸收液浸泡或加酸充氮蒸馏-释放的二氧化硫被甲醛溶液吸收，生成稳定的羟甲基磺酸加成化合物，酸性条件下与盐酸副玫瑰苯胺，生成蓝紫色络合物，该络合物的吸光度值与二氧化硫的浓度成正比。

在甲醛的酸性溶液中会产生如下反应：

$$HgCl_2 + 2NaCl \longrightarrow Na_2HgCl_4$$

$$Na_2HgCl_4 + SO_2 + H_2O \longrightarrow [HgCl_2SO_3]^{2-} + 2H^+ + 2NaCl$$

$$[HgCl_2SO_3]^{2-} + HCHO + 2H^+ \longrightarrow HgCl_2 + HO—CH_2—SO_3H$$

生成的化合物 $HO—CH_2—SO_3H$ 能与盐酸副玫瑰苯胺起显色反应，20min 即发色完全，在 2～3h 内是稳定的。

五、实验材料和仪器

1. 材料

① 氨基磺酸胺（$H_6N_2O_3S$）。

② 乙二胺四乙酸二钠（$C_{10}H_{14}N_2Na_2O_8$）。

③ 甲醛（CH_2O）。

④ 邻苯二甲酸氢钾（$KHC_8H_4O_4$）。

⑤ 2％盐酸副玫瑰苯胺（$C_{20}H_{20}ClN_3$）溶液。

⑥ 冰乙酸（$C_2H_4O_2$）。

⑦ 氢氧化钠溶液（1.5mol/L）：称取 6.0g NaOH，溶于水并稀释至 100mL。

⑧ 乙二胺四乙酸二钠溶液（0.05mol/L）：称取 1.86g 乙二胺四乙酸二钠（简称 EDTA-2Na），溶于水并稀释至 100mL。

⑨ 甲醛缓冲吸收储备液：称取 2.04g 邻苯二甲酸氢钾，溶于少量水中，加入 36％～38％的甲醛溶液 5.5mL，0.05mol/L EDTA-2Na 溶液 20.0mL，混匀，加水稀释并定容至 100mL，贮于冰箱中冷藏保存。

⑩ 甲醛缓冲吸收液：量取甲醛缓冲吸收储备液适量，用水稀释 100 倍。临用时现配。

⑪ 盐酸副玫瑰苯胺溶液（0.5g/L）：量取 2％盐酸副玫瑰苯胺溶液 25.0mL，分别加入磷酸 30mL 和盐酸 12mL，用水稀释至 100mL，摇匀，放置 24h，备用（避光密封保存）。

⑫ 氨基磺酸铵溶液（3g/L）：称取 0.30g 氨基磺酸铵，溶于水并稀释至 100mL。

⑬ 盐酸溶液（6mol/L）：量取盐酸 50mL，缓缓倾入 50mL 水中边加边搅拌。

⑭ 二氧化硫标准液（100μg/mL）。

⑮ 二氧化硫使用液：准确吸取二氧化硫标准液（100μg/mL）5mL，用甲醛缓冲液吸收液定容至 50mL；现用现配。

2. 仪器

分光光度计；分析天平；玻璃充氮蒸馏器。

六、实验步骤

1. 试样处理

① 水溶性固体试样如白砂糖等可称取约 10.00g 均匀试样（样品量可视含量高低而定），以少量水溶解，置于 100mL 容量瓶中，加入 4mL 氢氧化钠溶液（20g/L），5min 后加入 4mL 硫酸，然后加入 20mL 四氯汞钠吸收液，以水稀释至刻度。

② 其他固体试样如饼干、粉丝等可称取 5.0～10.0g 研磨均匀的试样，以少量水湿润并移入 100mL 容量瓶中，然后加入 20mL 四氯汞钠吸收液，浸泡 4h 以上，若上层溶液不澄清可加入亚铁氰化钾溶液及乙酸锌溶液各 2.5mL，最后用水稀释至 100mL 刻度，过滤后备用。

③ 液体试样如葡萄酒等可直接吸取 5.0～10.0mL 试样，置于 100mL 容量瓶中，以少量水稀释，加 20mL 四氯汞钠吸收液，摇匀，最后加水至刻度，混匀，必要时过滤备用。

2. 测定

（1）标准曲线的制作　分别准确量取 0.00mL、0.20mL、0.50mL、1.00mL、2.00mL、3.00mL 二氧化硫标准使用液（相当于 0.0μg、2.0μg、5.0μg、10.0μg、20.0μg、30.0μg 二氧化硫），置于 25mL 具塞试管中，加入甲醛缓冲吸收液至 10.00mL，再依次加入 3g/L 氨基磺酸铵溶液 0.5mL、1.5mol/L 氢氧化钠溶液 0.5mL，0.5g/L 盐酸副玫瑰苯胺溶液 1.0mL，摇匀，放置 20min 后，用紫外可见分光光度计在波长 579nm 处测定标准溶液吸光度，并以质量为横坐标，吸光度为纵坐标绘制标准曲线。

（2）试样溶液的测定　根据试样中二氧化硫含量，吸取试样溶液 0.50～10.00mL，置于 25mL 具塞试管中，按上述方法进行操作，同时做空白试验。

3. 计算

试样中二氧化硫的含量按下式计算：

$$X = \frac{(m_1 - m_0) \times V_1 \times 1000}{m_2 \times V_2 \times 1000}$$

式中　X——试样中二氧化硫含量（以 SO_2 计），mg/kg 或 mg/L；

m_1——由标准曲线中查得的测定用试液中二氧化硫的质量，g；

m_0——由标准曲线中查得的测定用空白溶液中二氧化硫的质量，μg；

V_1——试样提取液/试样蒸馏液定容体积，mL；

m_2——试样的质量或体积，g 或 mL；

V_2——测定用试样提取液/试样蒸馏液的体积，mL。

计算结果保留三位有效数字。

七、注意事项

① 硫酸和食品中的醛、酮和糖相结合，以结合型的亚硫酸存在于食品中。加碱是为了将食品中的二氧化硫释放出来，加硫酸是为了中和碱，这是因为总的显色反应应在微酸条件下进行。

② 如无盐酸副玫瑰苯胺，可用盐酸品红代替。

③ 检测时硫酸用量应控制好，过量显色浅，量少显色深。

④ 二氧化硫使用液应使用新标定的溶液配制，否则含量会因时间长而降低。

⑤ 显色时间对显色有影响。显色时间在 10～30min 内稳定，温度在 10～25℃稳定，所以在显色时要控制好温度与时间，否则影响测定结果。

⑥ 四氯汞钠试剂有毒，使用时应注意。

八、思考题

食品中含硫元素及硫酸根离子还可以用其他什么分析方法测定？

实验二
食品中苯甲酸、山梨酸和糖精钠含量检测（HPLC 法）

苯甲酸、山梨酸、糖精钠均是常用的食品添加剂，其中防腐剂（苯甲酸、山梨酸）和糖精钠是饮料必测项目。苯甲酸、山梨酸都属酸性防腐剂，在酸性条件下抑菌能力较强，具有广范围的抑菌作用；而糖精钠价格低廉，添加方便，故使用面很广。但如不严格控制添加量，过量会对人体造成危害。目前关于食品中防腐剂与甜味剂的检测方法很多，主要涉及的检测方法有薄层色谱法、比色法、离子选择电极测定法、气相色谱法、液相色谱法。

一、实验目的

1. 了解苯甲酸、山梨酸、糖精钠实验测定方法。

2. 了解液相色谱操作原理及方法。

二、实验内容

食品中苯甲酸、山梨酸和糖精钠含量的检测。

饮料中苯甲酸钠含量的检测

三、实验方法

液相色谱法（HPLC）。

液相色谱技术介绍

四、实验原理

不同样品经实验提取后，加提取液过滤、经反相高效液相色谱分离测定，可根据保留时间定性，外标法定量。

五、实验材料和仪器

1. 材料

（1）标液

① 苯甲酸、山梨酸、糖精钠标准物质，各 1 支。

② 苯甲酸标准储备溶液：准确称取 0.2360g 苯甲酸钠，加水溶解并定容至 200mL，此溶液苯甲酸含量为 1mg/mL，作为储备液。

③ 山梨酸标准储备溶液：准确称取 0.2680g 山梨酸钾，加水溶解并定容至 200mL，此溶液山梨酸钾含量为 1mg/mL，作为储备液。

④ 糖精钠标准储备溶液：准确称取 0.1702g 糖精钠（120℃，烘干 4h），加水溶解并定容至 200mL，此溶液糖精钠含量为 1mg/mL，作为储备液。

⑤ 苯甲酸、山梨酸、糖精钠混合标准使用液：取苯甲酸、山梨酸、糖精钠标准储备溶液各 1.0mL，放入 100mL 容量瓶中，加水至刻度。此溶液含苯甲酸、山梨酸、糖精钠各 10μg/mL，将此溶液用水稀释成 2.0μg/mL、4.0μg/mL、6.0μg/mL、8.0μg/mL、10.0μg/mL 标准系列，溶液通过滤膜（0.45μm）过滤后进样。

（2）流动相

① 甲醇（色谱纯）。

② 乙酸铵溶液：称取 1.54g 乙酸铵，加水溶解并稀释至 1000mL，溶液经滤膜（0.45μm）过滤。

③ 氨水（1%）：氨水与水按体积比 1：99 混合。

（3）澄清剂

① 亚铁氰化钾溶液：称取 106g 亚铁氰化钾［$K_4Fe(CN) \cdot 3H_2O$］加水稀释至

1000mL。

② 硫酸锌溶液：称取 150g 硫酸锌，用水溶解，并稀释至 1000mL。

2. 仪器

液相色谱仪［液相色谱柱：C18 色谱柱（4.6mm×250mm，5μm）1 支］；0.45μm 水系微孔滤膜。

六、实验步骤

1. 样品前处理

① 汽水类、饮料类、果酒类量取 10.00mL 试样，微温搅拌除去二氧化碳，用 1∶1 氨水溶液调 pH 为 7，加水定容至 100mL，经微孔滤膜过滤，待测。

② 乳饮料、植物蛋白料等含蛋白质较多的样品，量取 10.00mL 试样于 25mL 容量瓶中，加入 2mL 亚铁氰化钾溶液，再加入 2mL 硫酸锌溶液摇匀，以沉淀蛋白质，加水定容至刻度，4000r/min 离心 10min，取上清液，经微孔滤膜过滤，待测。

③ 其他食品（包括肉制品）：称取 2.5g 样品，加 1.0mL 硫酸锌溶液和 1.0mL 亚铁氰化钾溶液，加水至 25mL，摇匀，超声 20min 提取，离心 10min，将上清液通过 0.45μm 微孔滤膜后进样。

2. 色谱条件

① 流动相：甲醇∶乙酸铵溶液（5∶95）。

② 流速：1mL/min。

③ 检测器：紫外检测器，波长 230nm。

④ 进样量：10μL。

3. 液相色谱流程

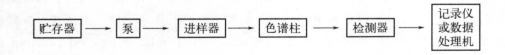

4. 测定

（1）标样测定　取混合标样，进样 10μL，测定相应的峰面积，以混合标准系列工作溶液的质量浓度为横坐标，以峰面积为纵坐标，绘制标准曲线。

（2）试样测定　将试样注入液相色谱仪中，得到峰面积，根据标准曲线得到待测液中苯甲酸、山梨酸和糖精钠的质量浓度。按下式计算：

$$X = \frac{c \times V \times 1000}{m \times 1000}$$

式中　X——样品中待测组分含量，g/kg；

　　　　c——由标准曲线得出的试样液中待测物的质量浓度，mg/L；

　　　　V——试样定容体积，mL；

　　　　m——试样品质量，g。

七、思考题

若要调节三个组分的出峰次序或者时间，可进行怎样的调节？

实验三　食品中人工合成色素的含量测定

合成色素主要指用人工合成的方法从煤焦油中制取或以苯、甲苯、萘等芳香烃化合物为原料合成的有机色素，其性质稳定，着色力强，因此被广泛使用。研究发现合成色素多具有致癌性。常见的合成色素有柠檬黄、苋菜红、胭脂红、日落黄、诱惑红等。合成着色剂的原料主要是化工产品。我国食品添加剂使用标准（GB 2760）列入的合成色素有胭脂红、苋菜红、日落黄、赤藓红、柠檬黄、新红、靛蓝、亮蓝等。与天然色素相比，合成色素颜色更加鲜艳，不易褪色，且价格较低。食品人工合成着色剂按结构，可分为偶氮类、氧蒽类和二苯甲烷类等；天然着色剂又可分为吡咯类、多烯类、酮类、醌类和多酚类等。按着色剂的溶解性可分为脂溶性着色剂和水溶性着色剂。食用天然着色剂主要是指由动、植物组织中提取的色素，多为植物色素，包括微生物色素、动物色素及无机色素。常用的天然着色剂有辣椒红、甜菜红、红曲红、胭脂虫红、高粱红、叶绿素铜钠、姜黄、栀子黄、胡萝卜素、藻蓝素、可可色素、焦糖色素等。测定方法主要有：薄层色谱法、高效液相色谱法。

一、实验目的

1. 了解色素及合成色素的测定方法。
2. 了解液相色谱法的原理。

二、实验方法

液相色谱法。

三、实验原理

食品中人工合成着色剂用聚酰胺吸附或液-液分配法提取，制成水溶液，注入高效液相色谱仪，经反相色谱分离，根据出峰时间定性和峰面积比较定量。

四、实验材料和仪器

1. 材料

① 正己烷；盐酸；乙酸；甲醇（经 0.5μm 滤膜过滤）；聚酰胺粉（过 200 目筛）。

② 氨水-乙酸铵溶液

a. 2％氨水：量取氨水 2mL，加水至 100mL 混匀；

b. 0.02mol/L 乙酸铵溶液：称取 1.54g 乙酸铵，加水至 1000mL 溶解，经 0.45μm 滤膜过滤；

c. 量取 2％氨水 0.5mL，加乙酸铵溶液（0.02mol/L）定容至 1000mL 混匀。

③ 甲醇-甲酸溶液：量取甲醇溶液 60mL、甲酸溶液 40mL，混匀。

④ 200g/L 柠檬酸溶液：称取 20g 柠檬酸，加水至 100mL，溶解混匀。

⑤ 5％三辛胺-正丁醇溶液：量取三辛胺 5mL，加正丁醇至 100mL，混匀备用。

⑥ 硫酸钠溶液：2g/L。

⑦ 水（pH 6）：无离子水加柠檬酸溶液调 pH 为 6。

⑧ 合成着色剂标准溶液：准确称取按其纯度折算为柠檬黄、苋菜红、胭脂红、日落黄、诱惑红各 0.100g 置于 100mL 容量瓶中，加 pH 6 水到刻度，配成浓度为 1.00mg/mL 的着色剂水溶液。

⑨ 合成着色剂标准使用液：用前，将合成着色剂标准溶液加水稀释 20 倍，经 0.45μm 滤膜过滤，配成浓度为 50.0μg/mL 的标准使用液。

2. 仪器

高效液相色谱仪（HPLC）。

五、实验步骤

1. 样品处理

（1）李子汁、果味水、果子露汽水等　量取 20.0～40.0mL，放入 100mL 烧杯中，含二氧化碳的试样应加热去除二氧化碳。

（2）配制酒类　量取 20.0～40.0mL，放入 100mL 烧杯中，加小砷瓷片数片，加热去除乙醇。

（3）硬糖、蜜饯类、淀粉软糖等　称取 5.00～10.00g 粉碎试样，放入 100mL 烧杯中，加水 30mL，温热溶解，若试样溶液 pH 较高，用柠檬酸溶液调 pH 到 6 左右。

（4）巧克力豆及着色糖衣制品　称取 5.00～10.00g 放入 100mL 烧杯中，用水反复洗涤色素，到试样无色素为止，合并色素漂洗液为试样溶液。

2. 色素提取

（1）聚酰胺吸附法　试样溶液加柠檬酸溶液调 pH 到 6，加热至 60℃，将 1g 聚酰胺粉，加少许水调成粥状，倒入试样溶液中，搅拌片刻，以 G3 垂熔漏斗抽滤，用 60℃ pH 4 的水洗涤 3～5 次，然后用甲醇-甲酸混合液洗涤 3～5 次（含赤藓红的试样用液-液分配法处理），再用水洗至中性，用乙醇-氨水-水混合溶液解吸 3～5 次，每次 5mL，收集解吸液，加乙酸中和，蒸发至近干，加水溶解，定容至 5mL。经 0.45μm 滤膜过滤，10μL 进样用高效液相色谱测定。

（2）液-液分配法（适用于含赤藓红的试样）　将制备好的试样溶液放入分液漏斗中，加 2mL 盐酸、5％三辛胺-正丁醇溶液 10～20mL，振摇提取有机相，重复提取至有机相无色，合并有机相，用饱和硫酸钠溶液洗涤 2 次，每次 10mL，分取有机相，放蒸发皿中，水浴加热浓缩至 10mL，转移至分液漏斗中，加 60mL 正己烷，混匀后加氨水提取 2～3 次，每次 5mL，合并氨水溶液层（含水溶性酸性色素），用正己烷洗 2 次，氨水层加乙酸调成中性，水浴加热蒸至近干，加水定容至 5mL。经 0.45μm 滤膜过滤，取 10μL 用高效液相色谱法分析。

3. 样品测定

（1）高效液相色谱检测样品参考条件
① 柱：C18，规格 4.6mm×250mm。
② 流动相：甲醇-乙酸铵溶液（pH 为 4，0.02mol/L）。
③ 梯度洗脱：甲醇 20％～35％，3min；35％～98％，9min；98％，6min。
④ 流速：1mL/min。
⑤ 波长：紫外 254nm。

（2）测定　取相同体积样液和合成着色剂标准使用液分别注入高效液相色谱仪，根据保留时间定性，外标峰面积法定量。

4. 结果计算

着色剂的含量由下式计算。

$$X = \frac{A \times 1000}{m \times V_2 / V_1 \times 1000 \times 1000}$$

式中　X——样品中着色剂的含量，g/kg；

A——样品中着色剂的质量，μg；

m——样品质量，g；

V_2——进样体积，mL；

V_1——样品稀释总体积，mL。

报告算术平均值的两位有效数字。

六、思考题

1. 用聚酰胺粉吸附提取色素时，柠檬酸调整样液的 pH 到 6 的目的是什么？
2. 如何解吸被聚酰胺粉吸附的色素？

实验四　食品中的抗氧化剂 BHA 和 BHT 的测定

食用油及含有油脂的食品若在不适宜的条件下长期储存，食品中的油脂类组分易受空气中 O_2 的氧化作用发生一系列化学变化，致使油脂分解出醛、酮、低级脂肪酸、各种氧化物和过氧化物等，这种改变称为油脂的"酸败"。为防止这种变质，人们常在含有油脂的食品及食用油中加入抗氧化剂叔丁基羟基茴香醚（BHA）和 2,6-二叔丁基对甲酚（BHT）。这些是我国规定允许使用的人工合成酚类抗氧化剂，能抑制基质中一些活性成分氧化，破坏或中止油脂在氧化过程中所产生的过氧化物，使之不能继续被分解成醛或酮类等低分子物质，还可以保持食品中的营养成分和脂溶性维生素的稳定性。但过量使用会对人体有毒害作用，因此国家安全标准中严格规定了植物油中 BHA、BHT 的限量。BHA、BHT 的常规分析方法有：气相色谱法、高效液相色谱法、比色法等。

一、实验目的

了解气相色谱法测定 BHA 与 BHT 的实验原理和方法。

二、实验内容

食用油及油脂中的抗氧化剂 BHA、BHT 的测定。

三、实验方法

气相色谱法。

四、实验原理

样品中的叔丁基羟基茴香醚（BHA）和 2,6-二叔丁基对甲酚（BHT）用有机溶剂石油醚提取，通过凝胶渗透色谱柱使 BHA 和 BHT 净化，浓缩后经气相色谱氢火焰离子化检测器检测，采用保留时间定性、根据试样峰高与标准峰高比较定量或外标法定量。

五、实验材料和仪器

1.材料

① 石油醚（沸程 30～60℃）；乙酸乙酯、环己烷、乙腈、丙酮。

② BHA 标准品：纯度≥99.0%；－18℃冷冻储藏；BHT 标准品：纯度≥99.3%；－18℃冷冻储藏；TBHQ 标准品≥99.0%。

③ BHA、BHT、TBHQ 标准储备液：准确称取 BHA、BHT、TBHQ 标准品各 50mg（精确至 0.1mg），用乙酸乙酯和环己烷混合溶液定容至 50mL，配制成 1mg/mL 的储备液，于 4℃冰箱中避光保存。

④ BHA、BHT、TBHQ 标准使用液：吸取标准储备液 0.1mL、0.5mL、1.0mL、2.0mL、3.0mL、4.0mL、5.0mL 于一组 10mL 容量瓶中，用乙酸乙酯和环己烷混合溶液定容，此标准系列的浓度为 0.01mg/mL、0.05mg/mL、0.1mg/mL、0.2mg/mL、0.3mg/mL、0.4mg/mL、0.5mg/mL，现用现配。

2.仪器

气相色谱仪（GC）：配氢火焰离子化检测器（FID）；凝胶渗透色谱仪（GPC），或可进行脱脂的等效分离装置；分析天平：感量为 0.01g 和 0.1mg；旋转蒸发仪；涡旋振荡器；粉碎机。

六、实验步骤

1.试样制备

称取固体样品不少于 200g，液体样品不少于 200mL，对角线法取四分之二或六分之二，或根据试样情况取有代表性的试样，在玻璃乳钵中研碎，混合均匀后放置广口瓶内保存于冰箱中。

2.试样处理

（1）油脂样品　混合均匀的样品，过 0.45μm 膜过滤备用。

（2）油脂含量较高或中等的样品（油脂含量 15%以上的样品）　根据样品中的实际含量

称取 50～100g 混合均匀的样品，置于 250mL 具塞锥形瓶中，加入适量石油醚，使样品完全浸没，放置过夜，用快速滤纸过滤后，减压回收溶剂，得到的油脂试样备用。

（3）油脂含量较少的试样（油脂含量 15％以下的样品）和不含油脂的样品　称取 1～2g 粉碎并混合均匀的样品，加入 10mL 乙腈涡旋混合 2min，经凝胶渗透色谱装置净化，收集流出液，旋转浓缩至近干，用乙腈定容 2mL，过 0.45μm 膜过滤备用。

3. 测定

（1）色谱参考条件

a. 色谱柱：5％苯基-甲基聚硅氧烷毛细管柱，柱长 30m，内径 0.25mm，膜厚 0.25μm，或等效色谱柱。

b. 进样口温度：230℃。

c. 升温程序：初始柱温 80℃，保持 1min，以 10℃/min 升温至 250℃，保持 5min。

d. 检测器温度：250℃。

e. 进样量：1μL。

f. 进样方式：不分流进样。

g. 载气：氮气，纯度≥99.999％，流速 1mL/min。

（2）标准曲线的制作　将标准系列工作液分别注入气相色谱仪中，测定相应的抗氧化剂，以标准工作液的浓度为横坐标，以响应值（如峰面积、峰高、吸收值等）为纵坐标，绘制标准曲线。

（3）定量分析　以标准液浓度为横坐标，峰面积为纵坐标，作线性方程。由标准曲线查出试样溶液中相应的抗氧化剂的浓度。

4. 结果计算

$$X = \rho \times \frac{V}{m}$$

式中　X——试样中抗氧化剂含量，mg/kg；

ρ——从标准曲线上查得的试样中抗氧化剂的浓度，μg/mL；

V——试样中最终定容体积，mL；

m——称取试样质量，g。

计算结果保留至小数点后三位。

七、注意事项

① 抗氧化剂本身会被氧化，随着样品存放时间的延长含量会下降，所以样品进入实验室应尽快分析，避免结果偏低。

② 抗氧化剂 BHT 稳定性较差，易受阳光、热的影响，操作时应避光。

③ 用柱色谱分离含油脂多的食品，会受到温度的影响，室温低，流速缓慢，分离效果

受一些影响，最好温度在 20℃ 以上进行分离。

八、思考题

1. 试说明抗氧化剂对油脂氧化的抑制机制。
2. 比较叔丁基对羟基茴香醚（BHA），2,6-二叔丁基对甲酚（BHT）各自的特点、抗氧化性和毒性。

实验五　食品中甜蜜素的测定

食品中甜蜜素的测定

甜蜜素化学名称为环己基氨基磺酸钠，分子式为 $C_6H_{12}NNaO_3S$。它是由环己胺和氯磺酸或氨基磺酸或三氧化硫反应后用 NaOH 处理，再重结晶制得的一种白色结晶粉末的人工甜味剂。在高甜度甜味剂中，甜度是最低的，甜度为蔗糖的 30～80 倍。风味较自然，后苦不明显，热稳定性高，是不被人体吸收的低热能甜味剂，属于磺胺类非营养性食品添加剂。它是目前我国食品行业中应用最多的一种甜味剂。目前国内外食品中甜蜜素含量的检测方法主要有：气相色谱法、比色法、薄层色谱法、高效液相色谱法、离子色谱法等。

一、实验目的

1. 了解甜蜜素前处理方法。
2. 了解甜蜜素的气相色谱测定方法。

二、实验内容

凉果、蜜饯、饮料等食品中甜蜜素的测定。

三、实验方法

气相色谱法。

四、实验原理

用亚硝酸钠分解食品中的甜蜜素，产生的环己醇在硫酸介质中与亚硝酸钠作用，生成环己醇亚硝酸酯，该物质在氢火焰中有良好的响应值，以保留时间定性、峰高定量。

五、实验材料和仪器

1. 材料

① 甜蜜素储备溶液：称取 1.0000g 甜蜜素（环己基氨基磺酸钠，含量≥99.0％），加水溶解并定容至 100mL，此溶液浓度为 10.00mg/mL，为储备液。置于 4℃的冰箱中。

② 100g/L 硫酸溶液：称取 50g 浓硫酸，用水定容至 500mL。

③ 50g/L 亚硝酸钠溶液：称取 25g 亚硝酸钠，用水定容至 500mL。

④ 色谱硅胶（或海沙）。

⑤ 正己烷。

⑥ 氯化钠。

2. 仪器

气相色谱仪（带 FID 检测器）；HP-5 毛细管柱（30m×0.32mm×0.25μm）；涡旋混合器；离心机；10μL 微量进样器；布什漏斗、真空抽滤器、真空泵、滤纸；20mL 具塞管；滤液瓶。

六、实验步骤

1. 仪器操作条件

① 进样口温度：230℃。

② 检测器温度：260℃。

③ 分流比：1：5。

④ 柱温：初温 50℃保持 3min，10℃/min 升温至 70℃保持 0.5min，30℃/min 升温至 220℃保持 3min。

⑤ 氢气：32mL/min，空气 300mL/min，氮气 2.0mL/min。

2. 样品处理

① 液体试样：摇匀后直接称取，含二氧化碳的试样先加热除去二氧化碳，含酒精的试样加 40g/L 氢氧化钠溶液滴至碱性，于沸水浴中加热除去酒精，制成试样。称取试样 20.0g 于 100mL 带塞比色管中，加 10mL 水。摇匀，置于冰浴中。

② 凉果、蜜饯类试样：将其剪碎制成试样。称取已磨碎（剪碎）试样 2.0～10.0g（根据样品中甜蜜素含量而定称取质量，使甜蜜素的量在 1～10mg 之间）于 100mL 容量瓶中，加水至刻度。一些样品不易溶解，如蜜饯类、山楂等，置于水浴锅中煮沸 15min 左右，冷却至 60℃以下，定容至 50mL，准确取 20.0mL 至带塞的具塞管子中，置于冰浴中。

3. 实验测定

① 标准曲线的制备：分别准确吸取 5mL、4mL、3mL、2mL 和 1mL 环己基氨基磺酸钠标准溶液于 100mL 带塞比色管或容量瓶中，加水至 20mL，置于冰浴中，加入 5mL 50g/L 亚硝酸钠溶液，5mL 100g/L 硫酸溶液，摇匀，在冰浴中放置 30min，并经常摇动，然后准确加入 10.0mL 正己烷，5g 氯化钠，摇匀后置涡旋混合器上振动 1min（或振摇 80 次），待静置分层后吸出正己烷层于 10mL 带塞离心管中进行离心分离，每毫升正己烷提取液相当 1mg 环己基氨基磺酸钠，将标准提取液进样 1μL 于气相色谱仪中，根据响应值绘制标准曲线。

② 试样管按①从"加入 5mL 50g/L 亚硝酸钠溶液……"起依次操作，然后将试样同样进样 1μL，测得响应值，从标准曲线图中查出相应含量。

4. 结果计算

$$X = \frac{m_1 \times 10 \times 1000}{m \times V \times 1000} = \frac{10 \times m_1}{m \times V}$$

式中　X——试样中环己基氨基磺酸钠的含量，g/kg；

　　　m——试样质量，g；

　　　V——进样体积，μL；

　　　10——正己烷加入量，mL；

　　　m_1——测定用试样中环己基氨基磺酸钠的质量，μg。

七、思考题

1. 对于含二氧化碳的试样为何需要加热处理？
2. 环己基氨基磺酸钠与亚硝酸的反应为何必须在冰浴中进行？

第七章
食品中有害成分的定量检测

实验一
水果和蔬菜中有机氯残留量的测定（GC-MS 法）

水果、蔬菜是人们的生活必需品，其质量问题尤其是农药残留问题日益受到人们的重视，由于氯苯结构稳定，不易为体内酶降解，在生物体内消失较缓慢，因此有机氯农药的残留会持续地影响生态环境及人体健康。另外，有机氯农药残留的问题也制约着我国蔬菜、水果的出口。因此，快速而准确地分析测定农产品中的有机氯残留水平十分必要。目前常用测定方法的前处理操作大多较为烦琐，不仅需使用大量的有机溶剂，且操作人员需频繁与溶剂接触，对健康危害较大。下文介绍了 GC-MS 法测定有机氯残留量的方法。

一、实验目的

1. 了解 GC-MS 法测定有机氯残留量的技术原理。
2. 掌握样品的前处理方法。

二、实验内容

本方法规定了水果和蔬菜中高氰戊菊酯、甲氰菊酯、联苯菊酯、氯氟氰菊酯、氯氰菊酯、氰戊菊酯、三氯杀螨醇、溴氰菊酯、氯菊酯、氟氰戊菊酯等农药残留量的测定。

基质包括：白菜、菜心、芥蓝、草菇、草莓、番茄酱罐头、蜜橘、脐橙、橘子罐头、蘑菇、奶白、芥菜、青瓜、青菜、荞头及盐浸荞头、上海青、笋罐头、糖姜、盐水姜、甜玉米、苋菜、杏鲍菇、芋头、盐渍食用菌等。

三、实验原理

试样用乙腈涡旋/均质提取，盐析离心后，取上清液，经固相萃取柱净化，用乙腈＋甲苯（3∶1）洗脱，乙酸乙酯定容供测定，外标法定量。

四、实验材料和仪器

1. 材料

除另有规定外，所用试剂均为分析纯，水为 GB/T 6682 中规定的一级水。

① 乙腈：色谱纯。

② 甲苯：分析纯。

③ 无水硫酸钠：分析纯；用前在 650℃灼烧 4h，贮于干燥器中，冷却后备用。

④ 乙腈：甲苯（3∶1，体积比）。

⑤ 乙酸乙酯：色谱纯。

⑥ 固相萃取柱：PSA/GCB 柱（500mg/500mg，6mL）。

⑦ 农药标准物质：高氰戊菊酯、甲氰菊酯、联苯菊酯、氯氟氰菊酯、氯氰菊酯、氰戊菊酯、三氯杀螨醇、溴氰菊酯、氯菊酯、氟氰戊菊酯，纯度均不小于98％。

⑧ 农药标准储备液：准确称取上述标准品（精确至 0.1mg），用正己烷（配制有机氯农药）溶解并定容配制成一定浓度的储备液，于 4℃冰箱中避光保存。

⑨ 标准工作液：将标准储备液用正己烷稀释至浓度为 10μg/mL 的标准工作溶液待用。

2. 仪器

① 气相色谱质谱联用仪：GC-MS。

② 分析天平：感量 0.1mg 和 0.01g。

③ 均质器：20000r/min。

④ 旋转蒸发仪。

⑤ 鸡心瓶：125mL。

⑥ 移液器：1mL。

⑦ 氮气吹干仪。

⑧ 涡旋混合器。

⑨ SPE 装置。

五、实验步骤

1. 不同样品的处理

不同样品的处理见表 7-1。

表 7-1　不同样品的处理

基质		称样量/g	加水量/mL	提取方式	备注（是否采用基质线性）
干样品	干香菇	3.0	10	均质	加水量以样品吸附后仍有水为准
	干木耳	3.0	10	均质	
	笋干	3.0	10	均质	
高脂肪	毛豆	10.0	10	均质	
高水分样品	菜心	10.0	/	均质	
	上海青	10.0	/	均质	
	脐橙	10.0	/	涡旋	
	蜜橘	10.0	/	涡旋	
高糖分样品	糖姜	10.0	5	均质	

2. 质量控制手段

（1）质量控制原则　为了保证实验质量，应设置添加回收试验、样品平行试验、标准曲线等，各质量控制涉及的操作数量见表 7-2。

表 7-2　各类型实验的操作数量

试验类型	操作数量	备　　注
空白试验	1	按试样空白处理，处理步骤与试样处理一致
添加回收试验	2	加入 20μL 浓度为 10μg/mL 标准溶液（一般为方法测定低限的 2 倍、4 倍量添加）
样品平行试验	2	/
试剂线性	5	以乙酸乙酯作溶剂配制
基质线性	5	阴性样品基质液

（2）空白试验　除不加试样外，其余处理步骤与试样处理一致。

（3）平行试验　每个样品按双平行处理。

（4）添加回收试验　取 2 个待测样品/阴性样品，称取试验所需用量，加入 20μL 浓度为 10μg/mL 标准溶液，混匀后，按照前处理的方法进行处理和测定。

（5）参照标准/标准曲线　取 10μg/mL 标准溶液，用乙酸乙酯逐级稀释成 0.5μg/mL、0.2μg/mL、0.1μg/mL、0.05μg/mL、0.02μg/mL 五个浓度点的标准系列溶液。

（6）基质线性（特殊情况下存在）　取 10μg/mL 标准溶液适量，于氮气吹干仪上吹干，用阴性样品基质液稀释为 0.5mg/L 的混合标准溶液，再用阴性样品基质液逐步稀释成 0.2μg/mL、0.1μg/mL、0.05μg/mL、0.02μg/mL 四个浓度点的标准系列溶液。

3. 前处理

称取 10.0g 试样（干样品称 3.0g，具体见表 7-1），精确至 0.01g，于 50mL 离心管中，加入 15mL 乙腈，另加入 20mL 乙腈于洁净的 50mL 聚丙烯离心管中（用于清洗均质器，清洗液备用），12000r/min 均质提取 0.5min，加入 5g 氯化钠，再均质提取 0.5min，将离心管放入离心机，4200r/min 离心 5min，取上清液于鸡心瓶中，残渣再加上述清洗液涡旋提取 1min，4200r/min 离心 5min，合并二次上清液，在 40℃ 以下旋转蒸发浓缩至 1～3mL，待净化。

4. 净化

活化柱：将 PSA/GCB 柱（500mg/500mg，6mL）置 SPE 装置上，在柱中加入约 2cm 高的无水硫酸钠，用 10mL 乙腈-甲苯（3∶1）预洗柱，用洗耳球吹去柱中的气泡，弃去淋洗液，直至液面到达无水硫酸钠的顶部，关闭 SPE 装置流速控制开关。

上柱净化：将活化后的 PSA/GCB 柱转移至 25mL 玻璃离心管上，将样品浓缩液转移至柱上，样品被全部吸附后，用 2mL 乙腈-甲苯洗涤鸡心瓶（涡旋），并将洗涤液移入柱中，重复操作三次以上，继续用乙腈-甲苯洗涤柱，直至收集流出液共 25mL，将净化液在 40℃ 下氮气吹干仪吹干，用乙酸乙酯定容至 1mL，过滤膜，分别装入 3 个进样瓶，供配不同检测器的气相色谱仪分析。

注意：上柱净化时，每次都需等柱中的液面到达无水硫酸钠的顶部，方可加入样液或洗脱剂，以防样液被加入的液体稀释。

5. 标准曲线的配制（试剂线性）

混合标准工作溶液：浓度为 10μg/mL，包括高氰戊菊酯、甲氰菊酯、联苯菊酯、氯氟氰菊酯、氯氰菊酯、氰戊菊酯、三氯杀螨醇、溴氰菊酯、氯菊酯、氟氰戊菊酯等。

配制过程：取 10μg/mL 上述混合标准工作溶液 50μL，加乙酸乙酯定容至 1mL，即得浓度为 0.5mg/L 的混合标准溶液，再用乙酸乙酯逐步稀释成 0.2μg/mL、0.1μg/mL、0.05μg/mL、0.02μg/mL 的标准系列溶液，供 GC-MS 仪器分析。

6. 测定

（1）气相色谱-质谱仪条件（GC-MS）

a. 色谱柱：DB-1701（30m×0.25mm×0.25μm）石英毛细管柱。

b. 载气：高纯氮气，1.1mL/min。

c. 进样口温度：250℃。

d. 色谱柱温度：起始温度 40℃，保持 1min，以 30℃/min 升至 130℃，以 5℃/min 升至 240℃，以 10℃/min 升至 280℃，保持 10min。

e. 进样方式：不分流进样。

f. 进样量：1μL。

g. 检测器条件。

离子源：Cl（化学离子源）；

传输线温度：280℃；

离子源温度：150℃；

监测模式：选择离子监测，每个化合物选择一个定量离子，若干个定性离子，见表7-3。

表7-3　待测化合物的参考保留时间、定量离子和定性离子（GC-MS，DB-1701色谱柱）

序号	化合物	定量离子	定性离子	保留时间
1	三氯杀螨醇	250	252、251、253	21.462
2	联苯菊酯	386	387、241	28.091
3	甲氰菊酯	141	142、198、143	29.046
4	氯氟氰菊酯-1	241	205、243	30.233
5	氯氟氰菊酯-2	241	205、243	30.551
6	氯菊酯-1	207	209、354、390	30.638
7	氯菊酯-2	207	209、354、390	30.927
8	氯氰菊酯-1	207	209、171、173	33.071
9	氯氰菊酯-2	207	209、171、173	33.438
10	氯氰菊酯-3	207	209、171、173	33.745
11	氟氰戊菊酯-1	243	244、245	34.051
12	氟氰戊菊酯-2	243	244、245	34.541
13	氰戊菊酯	211	212、213	35.276
14	高氰戊菊酯	211	212、213	35.919
15	溴氰菊酯-1	297	217、505	36.900
16	溴氰菊酯-2	297	217、505	37.727

（2）可检测化合物　高氰戊菊酯、甲氰菊酯、联苯菊酯、氯氟氰菊酯、氯氰菊酯、氰戊菊酯、三氯杀螨醇、溴氰菊酯、氯菊酯、氟氰戊菊酯等。

7. 数据分析

按照上述色谱条件，浓度由低到高进样检测，以溶液浓度为横坐标，以标准峰面积为纵坐标绘制标准曲线。

试样中待测物含量按照下式计算：

$$X = \frac{(\rho - \rho_0) \times V \times f}{m}$$

式中 X——试样中待测物含量，mg/kg；

ρ——试样溶液中被测物质量浓度，mg/L；

ρ_0——试样空白液中被测物质量浓度，mg/L；

V——定容体积，mL；

f——稀释倍数；

m——试样称取质量，g。

注：计算结果以重复性条件下获得的两次独立测定结果的算术平均值表示，含量小于1mg/kg，结果保留两位有效数字；含量大于1mg/kg，结果保留三位有效数字。

8. 精密度

样品中各元素含量大于1mg/kg时，在重复性条件下获得的两次独立测定结果的绝对差值不得超过算术平均值的10%；0.1~1.0mg/kg时，在重复性条件下获得的两次独立测定结果的绝对差值不得超过算术平均值的15%；小于等于0.1mg/kg时，在重复性条件下获得的两次独立测定结果的绝对差值不得超过算术平均值的20%。

9. 测定低限

本方法测定低限为0.01mg/kg。

六、思考题

1. 制备供试液时，为避免待测成分损失，该如何操作？
2. 在试验中，如何防止假阳性结果的出现？

实验二
水果和蔬菜中有机磷农药残留的检测（LC-MS）

近年来，随着病虫害抗药性的不断提升，农药的使用量越来越大，给农产品质量安全带来了诸多隐患，甚至造成了恶性的农产品质量安全事故，因此，农产品中农药残留的检测和分析方法显得尤其重要。随着科学技术的进步和完善，对于农产品残留农药的检测方法逐渐由色谱法转变为色谱质谱联用方法，更好地实现了对农产品中残留农药的快速定性和定量分析。其中液质联用因分离速度快、灵敏度高而广泛应用于农药多残留分析中。我国十分重视农产品质量安全工作，先后出台了相关的农药残留检测标准。2008年发布了《水果和蔬菜中450种农药及相关化学品残留量的测定　液相色谱-串联质谱法》（GB/T 20769—2008），规定了使用液相色谱质谱联用法检测水果和蔬菜中 450 种农药残留的方法。

一、实验目的

掌握果蔬中有机磷农药残留的检测方法和原理。

二、实验内容

LC-MS 法检测水果和蔬菜中有机磷农药的残留。

三、实验原理

试样用乙腈匀浆提取，盐析离心，Sep-Pak Vac 净化，用乙腈-甲苯（3∶1）洗脱农药及相关化学品，液相色谱-串联质谱仪测定，外标法定量。

四、实验材料和仪器

1. 材料

① 乙腈：色谱纯。

② 正己烷：色谱纯。

③ 异辛烷：色谱纯。

④ 甲苯：优级纯。

⑤ 丙酮：色谱纯。

⑥ 二氯甲烷：色谱纯。

⑦ 甲醇：色谱纯。

⑧ 微孔过滤膜（尼龙）：13mm×0.2μm。

⑨ Sep-Pak Vac 氨基固相萃取柱。

⑩ 乙腈-甲苯（3∶1，体积比）。

⑪ 乙腈-水（3∶2，体积比）。

⑫ 0.05％甲酸溶液（体积分数）。

⑬ 5mmol/L 乙酸铵溶液：称取 0.375g 酸加水稀释至 1000mL。

⑭ 无水硫酸钠：分析纯。用前在 650℃灼烧 4h，贮于干燥器中，冷却后备用。

⑮ 氯化钠：优级纯。

⑯ 农药及相关化学品标准物质：纯度≥95％，参见 GB/T 20769—2008。

⑰ 标准储备溶液：分别称取 5～10mg（精确至 0.1mg）农药及相关化学品标准物于 10mL 容量瓶中，用甲醇溶剂溶解并定容至刻度，标准储备溶液避光 0～4℃保存，可使用一年，或者选择液体标品（500mg/L 或者 1000mg/L）有效期按照证书规定执行。

⑱ 混合标准溶液配制（1mg/L）：移取一定量的单个农药标准储备溶液于 100mL 容量瓶中，用甲醇定容至刻度。混合标准溶液避光 0～4℃保存，可使用一个月。

⑲ 基质混合标准工作溶液：用空白样品基质溶液配成不同浓度的基质混合标准工作溶液（10μg/L，20μg/L，50μg/L，100μg/L，200μg/L），用于做标准工作曲线。基质混合标准工作溶液应现用现配。

2. 仪器

① 液相色谱-串联质谱仪：配有电喷雾离子源（ESI）。
② 分析天平：感量 0.1mg 和 0.01g。
③ 高速组织捣碎机：转速不低于 20000r/min。
④ 离心管：80mL。
⑤ 离心机：最大转速为 4200r/min。
⑥ 旋转蒸发仪。
⑦ 鸡心瓶：200mL。
⑧ 移液器：1mL。
⑨ 样品瓶：2mL，带聚四氟乙烯旋盖。
⑩ 氮气吹干仪。

五、实验步骤

1. 试样的制备

水果、蔬菜样品取可食部分切碎，混匀，密封，作为试样，标明标记。

2. 试样的保存

将试样置于 0～4℃冷藏保存。

3. 提取

称取 20g 试样（精确至 0.01g）于 80mL 离心管中，加入 40mL 乙腈，用高速组织捣碎机在 15000r/min 匀浆提取 1min，加入 5g 氯化钠，再匀浆提取 1min，在 3800r/min 离心 5min，取上清液 20mL（相当于 10g 试样量），在 40℃水浴中旋转浓缩至约 1mL，待净化。

4. 净化

在 Sep-Pak Vac 柱中加入约 2cm 高无水硫酸钠，并放入下接鸡心瓶的固定架上。加样前先用 4mL 乙腈-甲苯预洗柱，当液面到达硫酸钠的顶部时，迅速将样品浓缩液转移至净化柱上，并更换新鸡心瓶接收。再每次用 2mL 乙腈-甲苯洗涤样液瓶三次，并将洗涤液移入柱中。在柱上加上 50mL 贮液器，用 25mL 乙腈-甲苯洗脱农药及相关化学品，合并于鸡心瓶中，并在 40℃水浴中旋转浓缩至约 0.5mL。将浓缩液置于氮气吹干仪上吹干，迅速加入

1mL 的乙腈-水，混匀，经 0.2m 滤膜过滤后进行液相色谱-串联质谱测定。

5. 液相色谱-串联质谱测定

（1）液相色谱-串联质谱测定条件

① 色谱柱：ChromCore C18（3μm；2.1mm×100mm）。

② 流动相及梯度洗脱条件见表 7-4。

表 7-4　流动相及梯度洗脱条件

时间/min	流速/（μL/min）	流动相 A（0.05%甲酸水）/%	流动相 B（乙腈）/%
0.00	200	90.0	10.0
4.00	200	50.0	50.0
15.00	200	40.0	60.0
23.00	200	20.0	80.0
30.00	200	5.0	95.0
35.00	200	5.0	95.0
35.01	200	90.0	10.0
50.00	200	90.0	10.0

③ 柱温：40℃。

④ 进样量：20μL。

⑤ 离子源：ESI。

⑥ 扫描方式：正离子扫描。

⑦ 检测方式：多反应监测。

⑧ 电喷雾电压：5000V。

⑨ 雾化气压力：0.483MPa。

⑩ 气帘气压力：0.138MPa。

⑪ 辅助加热气：0.379MPa。

⑫ 离子源温度：725℃。

（2）定性测定　在相同实验条件下进行样品测定时，如果检出的色谱峰的保留时间与标准样品相一致，并且在扣除背景后的样品质谱图中，所选择的离子均出现，而且所选择的离子丰度比与标准样品的离子丰度比相一致（相对丰度＞50%，允许±20%偏差：相对丰度20%～50%，允许±25%偏差；相对丰度 10%～20%，允许±30%偏差；相对丰度≤10%，允许±50%偏差），则可判断样品中存在这种农药或相关化学品。

（3）定量测定　本实验中液相色谱-串联质谱采用外标-校准曲线法定量测定。为减少基质对定量测定的影响，定量用标准溶液应采用基质混合标准工作溶液绘制标准曲线，并且保证所测样品中农药及相关化学品的响应值均在仪器的线性范围内。按以上步骤对同一试样进行平行试验。

（4）空白试验　除不称取试样外，均按上述步骤进行。

6. 结果计算

液相色谱-串联质谱测定采用标准曲线法定量，标准曲线法定量结果按下式计算：

$$X = \frac{C \times V \times 1000}{m \times 1000}$$

式中　X——试样中被测组分含量，mg/kg；

　　　C——从标准工作曲线得到的试样溶液中被测组分的浓度，μg/mL；

　　　V——试样溶液定容体积，mL；

　　　m——样品溶液所代表试样的质量，g。

计算结果应扣除空白值。

7. 精密度

样品中各含量大于 1.0mg/kg 时，在重复性条件下获得的两次独立测定结果的绝对差值不得超过算术平均值的 10%；0.1～1.0mg/kg 时，在重复性条件下获得的两次独立测定结果的绝对差值不得超过算术平均值的 15%；小于等于 0.1mg/kg 时，在重复性条件下获得的两次独立测定结果的绝对差值不得超过算术平均值的 20%。

8. 回收率要求

不同添加浓度的回收率要求如表 7-5。

表 7-5　不同添加浓度的回收率

被测组分含量/(mg/kg)	回收率范围/%	被测组分含量/(mg/kg)	回收率范围/%
＞100	95～105	0.1～1	80～110
1～100	90～110	＜0.1	60～120

六、思考题

1. LC-MS 测定水果和蔬菜中有机磷农药残留较其他方法有何优势与不足？
2. 根据不同的分离目的，如何选择色谱柱？

实验三
水果和蔬菜中拟除虫菊酯农药残留的检测（LC-MS）

天然除虫菊酯是古老的植物性杀虫剂，是除虫菊花的有效成分，在光照下易分解失效，仅适用于室内条件下防治害虫。

拟除虫菊酯是一类仿生合成的杀虫剂，是改变天然除虫菊酯的化学结构衍生的合成酯类。

1. 拟除虫菊酯的特点

（1）**高效**　拟除虫菊酯的杀虫能力比常用的杀虫剂一般高 1~2 个数量级，且速效性好，击倒力强。

（2）**广谱**　对农林、园艺、畜牧等多种虫害均有良好的防治效果。

（3）**低毒**　大多数拟除虫菊酯对人畜的毒性较有机磷低得多，对家禽也很安全。

（4）**低残留**　在自然界易分解，在动物体内转化迅速，对环境污染相对较小。

2. 拟除虫菊酯的分类

拟除虫菊酯类农药按化学结构分为两类：Ⅰ型不含氰基，如丙烯菊酯、联苯菊酯；Ⅱ型含氰基，如氯氰菊酯、溴氰菊酯。

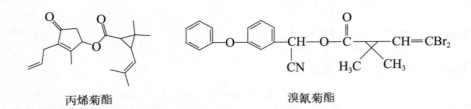

丙烯菊酯　　　　　　　　　　　溴氰菊酯

3. 拟除虫菊酯的毒性

（1）**作用机制**　拟除虫菊酯类农药多具有中等毒性或者低毒性，属于神经毒。对昆虫的毒性比对哺乳动物的大。Ⅰ型的拟除虫菊酯类农药通过引起膜的重复放电而引发动作电位；Ⅱ型的拟除虫菊酯类农药通过使膜的通透性改变而使动作电位不易发生。

Ⅱ型的作用机制：使膜的通透性改变，钠离子通道持续开放，钠离子由膜外向膜内转移，造成去极化电位升高，动作电位的阈值升高，因而动作电位不易发生而出现传导阻滞。

Ⅰ型的机制就相当于不断的刺激，使机体相应部位一直响应，一直兴奋。

Ⅱ型的机制就相当于刺激一次，然后机体相应部位产生兴奋，但是兴奋不传导，所以也一直兴奋。

（2）**中毒症状**　拟除虫菊酯对昆虫具有强烈的触杀作用，有些品种兼具胃毒或熏蒸作用，但都没有内吸作用。杀灭昆虫的机制是扰乱昆虫神经的正常生理，使之由兴奋、痉挛到麻痹而死亡。

对人体的毒性：拟除虫菊酯类农药的蓄积性较弱，因此不易引起慢性中毒，急性中毒以神经系统症状为主，主要表现为流涎、多汗、意识障碍、言语不清、反应迟钝、视物模糊、肌肉震颤、呼吸困难等，重者可导致昏迷、抽搐、心动过速、瞳孔缩小、对光反射消失、大小便失禁，可因心衰和呼吸困难而死亡。拟除虫菊酯类农药对皮肤和黏膜的刺激性较大，可引起眼睛及上呼吸道的不适，亦可引起皮肤的感觉异常及迟发型变态反应。

4. 拟除虫菊酯的检测

① 各国对拟除虫菊酯农药在不同农产品中的残留量的规定也不一致，欧盟的标准与德国的标准基本相同，大多数常用菊酯限量标准 0.1mg/kg；日本的标准与我国的标准相近，大多为 1mg/kg 以下。

② 检测方法大致分为两类：仪器检测法，主要是色谱法、质谱类；基于生物学原理的检测技术，如酶抑制法、免疫分析法、生物传感器等。

一、实验原理

乙腈提取，固相萃取净化，液相色谱-质谱联用仪检测，外标法定量。

二、实验材料和仪器

1. 材料

除非另有说明外均使用分析纯的试剂，水为 GB/T 6682 规定的一级水。

（1）试剂　乙腈，色谱纯；甲醇：色谱纯；氯化钠；乙酸钠；乙酸；无水硫酸镁；柠檬酸钠二水合物；柠檬酸二钠盐倍半水合物；甲酸：色谱纯；甲酸铵。

（2）溶液配制

① 乙腈-乙酸溶液（99：1，体积比）：量取 10mL 乙酸加入 990mL 乙腈中混匀。

② 甲酸铵甲酸水溶液（2mmol/L）：称取 0.1261g 甲酸铵，用 0.01% 甲酸水溶液溶解并稀释至 1000mL，摇匀。

③ 甲酸铵甲酸甲醇溶液（2mmol/L）：称取 0.1261g 甲酸铵，用 0.01% 甲酸甲醇溶液溶解并稀释至 1000mL，摇匀。

（3）标准溶液的配制

① 标准储备溶液（1000mg/L）：准确称取约 10mg（精确至 0.1mg）农药标准品，根据标准品的溶解性和测定的需要选甲醇溶剂溶解并定容至 10mL，避光 −18℃ 及以下条件保存有效期 1 年。或者选择液体标品（500mg/L 或者 1000mg/L），有效期按照证书规定执行。

② 混合标准储备溶液（20～50mg/L）：吸取一定量的农药标准储备液于容量瓶中用乙腈定容至刻度，避光 −18℃ 及以下条件保存，有效期 6 个月。

③ 混合标准溶液（5mg/L）：吸取一定的混合标准储备溶液于容量瓶中，用混合标准储备溶液定容至刻度，避光 −18℃ 及以下条件保存，有效期 1 个月。

④ 基质匹配标准工作曲线：选择与被测样品性质相同或相似的空白样品进行前处理，得到空白基质溶液。精确吸取一定量的混合标准溶液，逐级用空白基质溶液稀释成质量浓度为 0.002mg/L、0.005mg/L、0.01mg/L、0.02mg/L、0.05mg/L、0.1mg/L、0.2mg/L 和

0.5mg/L 的基质匹配标准工作溶液，根据仪器性能和检测需要选择不少于 5 个浓度点，供液相色谱-质谱联用仪测定。以农药定量离子的质量色谱图峰面积为纵坐标，相对应的基质匹配标准工作溶液质量浓度为横坐标，绘制基质匹配标准工作曲线。

（4）材料

① 乙二胺-*N*-丙基硅烷化硅胶（PSA）：粒径 40～60μm。

② 十八烷基硅烷键合硅胶（C18）：粒径 40～60μm。

③ 石墨化炭黑（GCB）：粒径 40～120μm。

④ 陶瓷均质子：2cm（长）×1cm（外径）。

⑤ 微孔滤膜（有机相）：13mm×0.22μm。

2. 仪器

① 液相色谱-三重四极杆质谱联用仪：配有电喷雾离子源（ESI）。

② 分析天平：感量 0.1mg 和 0.01g。

③ 离心机：转速不低于 5000r/min。

④ 组织捣碎机。

⑤ 涡旋混合器。

三、实验步骤

1. 样品前处理（蔬菜、水果）

称取 10g（精确至 0.01g）试样于 50mL 离心管，加入 10mL 乙腈及 1 颗陶瓷均质子，剧烈振荡，加入 4g 无水硫酸镁、1g 氯化钠、1g 柠檬酸钠二水合物、0.5g 柠檬酸二钠盐倍半水合物，剧烈振荡 1min 后 4200r/min 离心 5min。定量吸取上清液至内含除水剂及净化材料的离心管中（每毫升提取液使用 150mg 无水硫酸镁、25mg PSA），深色试样净化管中另加入 GCB（每毫升提取液加 2.5mg），涡旋混匀 1min，离心，吸取上清液过微孔滤膜，待测定。

2. 仪器条件

① 色谱柱：ChromCore C18（3μm；2.1mm×100mm）。

② 流动相及梯度洗脱条件见表 7-6。

表 7-6　流动相及梯度洗脱条件

时间/min	流速/(μL/min)	流动相 A： 甲酸铵甲酸水溶液（2mmol/L）	流动相 B： 甲酸铵甲酸甲醇溶液（2mmol/L）
0	0.3	97	3
1	0.3	97	3

时间/min	流速/(μL/min)	流动相 A： 甲酸铵甲酸水溶液（2mmol/L）	流动相 B： 甲酸铵甲酸甲醇溶液（2mmol/L）
1.5	0.3	85	15
2.5	0.3	50	50
18	0.3	30	70
23	0.3	2	98
27	0.3	2	98
27.1	0.3	97	3
30	0.3	97	9

③ 柱温：40℃。

④ 进样量：20μL。

⑤ 离子源类型：电喷雾离子源；扫描方式：正离子和负离子同时扫描。

⑥ 电喷雾电压：正离子 5500V；负离子－4500V。

⑦ 离子源温度：350℃。

⑧ 雾化气：0.345MPa。

⑨ 辅助加热气：0.345MPa。

3. 定性及定量

（1）保留时间　被测试样中目标农药色谱峰的保留时间与相应标准色谱峰的保留时间相比较，相对误差应在±2.5%之内。

（2）离子丰度比　在相同实验条件下进行样品测定时，如果检出的色谱峰的保留时间与标准样品相一致，并且在扣除背景后的样品质谱图中，目标化合物选择的离子均出现，而且同一检测批次，对同一化合物，样品中目标化合物的离子丰度比与质量浓度相当的基质标准溶液相比，其允许偏差不超过表 7-7 规定的范围，则可判断样品中存在目标农药。

表 7-7　定性时离子丰度比的最大允许偏差

离子丰度比/%	>50	>20~50	>10~20	≤10
允许相对偏差/%	±20	±25	±30	±50

（3）定量测定　本实验中液相色谱-串联质谱采用外标-校准曲线法定量测定。为减少基质对定量测定的影响，定量用标准溶液应采用基质混合标准工作溶液绘制标准曲线，并且保证所测样品中农药及相关化学品的响应值均在仪器的线性范围内。按以上步骤对同一试样进行平行试验。

（4）空白试验　除不称取试样外，均按上述步骤进行。

（5）结果计算　液相色谱-串联质谱测定采用标准曲线法定量，结果按下式计算：

$$X = \frac{C \times V \times 1000}{m \times 1000}$$

式中　　X——试样中被测组分含量，mg/kg；

　　　　C——从标准工作曲线得到的试样溶液中被测组分的浓度，μg/mL；

　　　　V——试样溶液定容体积，mL；

　　　　m——样品溶液所代表试样的质量，g。

计算结果应扣除空白值。

（6）精密度　样品中各含量大于 1mg/kg 时，在重复性条件下获得的两次独立测定结果的绝对差值不得超过算术平均值的 10%；0.1～1.0mg/kg 时，在重复性条件下获得的两次独立测定结果的绝对差值不得超过算术平均值的 15%；小于等于 0.1mg/kg 时，在重复性条件下获得的两次独立测定结果的绝对差值不得超过算术平均值的 20%。

（7）回收率要求　不同添加浓度的回收率要求如表 7-8 所示。

表 7-8　不同添加浓度的回收率

被测组分含量/(mg/kg)	回收率范围/%	被测组分含量/(mg/kg)	回收率范围/%
＞100	95～105	0.1～1	80～110
1～100	90～110	＜0.1	60～120

四、思考题

1. 还有哪些方法可以对果蔬中的拟除虫菊酯农药残留进行测定？
2. 怎样提高本实验的精密度？

实验四　食品中的丙烯酰胺成分测定（LC-MS法）

丙烯酰胺系极性小分子化合物，因其具有潜在的神经毒性、遗传毒性和致癌性，食品中丙烯酰胺的污染引起了国际社会的高度关注。瑞典于 2002 年首次从某些油炸或焙烤食品中检出了高含量的丙烯酰胺。丙烯酰胺主要在高碳水化合物、低蛋白质的植物性食物加热（120℃以上）烹调过程中形成。2012 年英国对 248 份食品样品进行检测后发现，其中 13 种食品中含有的致癌物质丙烯酰胺含量有上升趋势。2005 年我国发布了食品中丙烯酰胺的危害性评估报告，建议减少油炸食品摄入量，降低丙烯酰胺导致的健康危害。

一、实验目的

1. 了解食品中丙烯酰胺产生的机制。
2. 掌握 LC-MS 法测定食品中丙烯酰胺的实验原理。

二、实验原理

在试样中加入丙烯酰胺内标溶液，以水为提取溶剂，经过固相萃取柱或基质固相分散萃取净化后，以液相色谱-质谱/质谱的多反应离子监测（MRM）或选择反应监测（SRM）进行检测，内标法定量。

三、实验材料和仪器

1. 材料

注：除非另有说明，本方法所用试剂均为分析纯，水为 GB/T 6682 规定的一级水。

（1）试剂

① 甲酸（HCOOH）：色谱纯。

② 甲醇（CH_3OH）：色谱纯。

③ 正己烷（$n\text{-}C_6H_{14}$）：分析纯，重蒸后使用。

④ 乙酸乙酯（$CH_3COOC_2H_5$）：分析纯，重蒸后使用。

⑤ 无水硫酸钠（Na_2SO_4）：400℃，烘烤 4h。

⑥ 硫酸铵 $[(NH_4)_2SO_4]$。

⑦ 硅藻土：Extrelut™ 20 或相当产品。

（2）标准品

① 丙烯酰胺（$CH_2{=}\!\!{=}CHCONH_2$）标准品（纯度＞99％）。

② $^{13}C_3$-丙烯酰胺（$^{13}CH_2{=}\!\!{=}^{13}CH^{13}CONH_2$）标准品（纯度＞98％）。

（3）标准溶液的配制

① 丙烯酰胺标准溶液的配制

a. 丙烯酰胺标准储备溶液（1000mg/L）：准确称取丙烯酰胺标准品，用甲醇溶解并定容，使丙烯酰胺浓度为 1000mg/L，置－20℃冰箱中保存。

b. 丙烯酰胺中间溶液（100mg/L）：移取丙烯酰胺标准储备溶液 1mL，加甲醇稀释至 10mL，使丙烯酰胺浓度为 100mg/L，置－20℃冰箱中保存。

c. 丙烯酰胺工作溶液Ⅰ（10mg/L）：移取丙烯酰胺中间溶液 1mL，用 0.1％甲酸溶液稀释至 10mL，使丙烯酰胺浓度为 10mg/L。临用时配制。

d. 丙烯酰胺工作溶液Ⅱ（1mg/L）：移取丙烯酰胺工作溶液Ⅰ 1mL，用 0.1％甲酸溶液稀释至 10mL，使丙烯酰胺浓度为 1mg/L。临用时配制。

e. $^{13}C_3$-丙烯酰胺内标储备溶液（1000mg/L）：准确称取 $^{13}C_3$-丙烯酰胺标准品，用甲醇溶解并定容，使 $^{13}C_3$-丙烯酰胺浓度为 1000mg/L，置 $-20℃$ 冰箱保存。

f. 内标工作溶液（10mg/L）：移取内标储备溶液 1mL，用甲醇稀释至 100mL，使 $^{13}C_3$-丙烯酰胺浓度为 10mg/L，置 $-20℃$ 冰箱保存。

② 标准曲线工作溶液：取 6 个 10mL 容量瓶，分别移取 0.1mL、0.5mL、1mL 丙烯酰胺工作溶液Ⅱ（1mg/L）和 0.5mL、1mL 和 3mL 丙烯酰胺工作溶液Ⅰ（10mg/L）与内标工作溶液（10mg/L）0.1mL，用 0.1％甲酸溶液稀释至刻度。

标准系列溶液中丙烯酰胺的浓度分别为 10μg/L、50μg/L、100μg/L、500μg/L、1000μg/L、3000μg/L，内标浓度为 100μg/L。临用时配制。

2. 仪器

① 液相色谱-质谱/质谱联用仪（LC-MS/MS）。
② HLB 固相萃取柱：6mL、200mg，或相当产品。
③ Bond Elut-Accucat 固相萃取柱：3mL、200mg，或相当产品。
④ 组织粉碎机。
⑤ 旋转蒸发仪。
⑥ 氮气浓缩器。
⑦ 振荡器。
⑧ 玻璃色谱柱：柱长 30cm，柱内径 1.8cm。
⑨ 涡旋混合器。
⑩ 超纯水装置。
⑪ 分析天平：感量为 0.1mg。
⑫ 离心机：转速 ≤10000r/min。

四、实验步骤

1. 试样提取

取 50g 试样，经粉碎机粉碎，$-20℃$ 冷冻保存。准确称取试样 1~2g（精确到 0.001g），加入 10mg/L $^{13}C_3$-丙烯酰胺内标工作溶液 10μL（或 20μL），相当于 100μg（或 200μg）的 $^{13}C_3$-丙烯酰胺内标，再加入超纯水 10mL，振摇 30min 后，4000r/min 离心 10min，取上清液待净化。

2. 样品净化

注：任选下列一种方法进行净化。

① 基质固相分散萃取方法（选择 1）：在试样提取的上清液中加入硫酸铵 15g，振荡

10min，使其充分溶解，于 4000r/min 离心 10min，取上清液 10mL，备用。如上清液不足 10mL，则用饱和硫酸铵补足。取洁净玻璃色谱柱，在底部填少许玻璃棉并压紧，依次填装 10g 无水硫酸钠、2g 硅藻土。称取 5g 硅藻土 Extrelut™ 20 与上述试样上清液搅拌均匀后，装入色谱柱中。用 70mL 正己烷淋洗，控制流速为 2mL/min，弃去正己烷淋洗液。用 70mL 乙酸乙酯洗脱丙烯酰胺，控制流速为 2mL/min，收集乙酸乙酯洗脱溶液，并在 45℃ 水浴中减压旋转蒸发至近干，用乙酸乙酯洗涤蒸发瓶残渣三次（每次 1mL），并将其转移至已加入 1mL 0.1% 甲酸溶液的试管中，涡旋振荡。在氮气流下吹去上层有机相后，加入 1mL 正己烷，涡旋振荡，于 3500r/min 离心 5min，取下层水相经 0.22μm 水相滤膜过滤，待 LC-MS/MS 测定。

② 固相萃取柱净化（选择 2）：在试样提取的上清液中加入 5mL 正己烷，振荡萃取 10min，于 1000r/min 离心 5min，除去有机相，再用 5mL 正己烷重复萃取一次，迅速取水相 6mL 经 0.45μm 水相滤膜过滤，待进行 HLB 固相萃取柱净化处理。HLB 固相萃取柱使用前依次用 3mL 甲醇、3mL 水活化。取上述滤液 5mL 上 HLB 固相萃取柱，收集流出液，并用 4mL 80% 的甲醇水溶液洗脱，收集全部洗脱液，并与流出液合并待进行 Bond Elut-Accucat 固相萃取柱净化；Bond Elut-Accucat 固相萃取柱依次用 3mL 甲醇、3mL 水活化后，将 HLB 固相萃取柱净化的全部洗脱液上样，在重力作用下流出，收集全部流出液，在氮气流下将流出液浓缩至近干，用 0.1% 甲酸溶液定容至 1.0mL，待 LC-MS/MS 测定。

3. 仪器参考条件

（1）色谱条件

① 色谱柱为 Atlantis C18 柱（5μm、2.1mm I.D.×150mm）或等效柱。

② 预柱：C18 保护柱（5μm、2.1mm I.D.×30mm）或等效柱。

③ 流动相：甲醇-0.1% 甲酸（10∶90，体积分数）。

④ 流速：0.2mL/min。

⑤ 进样体积：25μL。

⑥ 柱温：26℃。

（2）质谱参数

① 三重四极串联质谱仪

检测方式：多反应离子监测（MRM）。

电离方式：阳离子电喷雾电离源（ESI⁺）。

毛细管电压：3500V。

锥孔电压：40V。

射频透镜 1 电压：30.8V。

离子源温度：80℃。

脱溶剂气温度：300℃。

离子碰撞能量：6eV。

丙烯酰胺：母离子 m/z 72、子离子 m/z 55、子离子 m/z 44。

$^{13}C_3$-丙烯酰胺：母离子 m/z 75、子离子 m/z 58、子离子 m/z 45。

定量离子：丙烯酰胺为 m/z 55，$^{13}C_3$-丙烯酰胺为 m/z 58。

② 离子阱串联质谱仪

检测方式：选择反应离子监测（SRM）。

电离方式：阳离子电喷雾电离源（ESI$^+$）。

喷雾电压：5000V。

加热毛细管温度：300℃。

鞘气：N_2，40Arb。

辅助气：N_2，20Arb。

碰撞诱导解离（CID）：10V。

碰撞能量：40V。

丙烯酰胺：母离子 m/z 72、子离子 m/z 55、子离子 m/z 44。

$^{13}C_3$-丙烯酰胺：母离子 m/z 75、子离子 m/z 58、子离子 m/z 45。

定量离子：丙烯酰胺为 m/z 55，$^{13}C_3$-丙烯酰胺为 m/z 58。

4. 标准曲线的绘制

将标准系列工作液分别注入液相色谱-质谱/质谱系统，测定相应的丙烯酰胺及其内标的峰面积，以各标准系列工作液的丙烯酰胺进样浓度（μg/L）为横坐标，以丙烯酰胺（m/z 55）和 $^{13}C_3$-丙烯酰胺内标（m/z 58）的峰面积比为纵坐标，绘制标准曲线。

5. 试样溶液的测定

将试样溶液注入液相色谱-质谱/质谱系统中，测得丙烯酰胺（m/z 55）和 $^{13}C_3$-丙烯酰胺内标（m/z 58）的峰面积比，根据标准曲线得到待测液中丙烯酰胺进样浓度（μg/L），平行测定次数不少于两次。

6. 质谱分析

分别将试样和标准系列工作液注入液相色谱-质谱/质谱仪中，记录总离子流图和质谱图及丙烯酰胺和内标的峰面积，以保留时间及碎片离子的丰度定性，要求所检测的丙烯酰胺色谱峰信噪比（S/N）大于 3，被测试样中目标化合物的保留时间与标准溶液中目标化合物的保留时间一致，同时被测试样中目标化合物的相应监测离子丰度比与标准溶液中目标化合物的色谱峰丰度比一致，允许的偏差见表 7-9。

表 7-9　定性测定时相对离子丰度的最大允许偏差

相对离子丰度（基线峰的占比）	允许的相对偏差（RSD）	相对离子丰度（基线峰的占比）	允许的相对偏差（RSD）
＞50%	±20%	＞10%～20%	±30%
＞20%～50%	±25%	≤10%	±50%

7. 分析结果的表述

试样中丙烯酰胺含量按下式计算：

$$X = \frac{A \times f}{M}$$

式中　X——试样中丙烯酰胺的含量，μg/kg；

　　　A——试样中丙烯酰胺（m/z 55）色谱峰与$^{13}C_3$-丙烯酰胺内标（m/z 58）色谱峰的峰面积比值对应的丙烯酰胺质量，μg；

　　　f——试样中内标加入量的换算因子（内标为 10 μL 时 $f=1$ 或内标为 20 μL 时 $f=2$）；

　　　M——加入内标时的取样量，g。

计算结果以重复性条件下获得的两次独立测定结果的算术平均值表示，结果保留三位有效数字（或小数点后 1 位）。

8. 精密度

在重复性条件下获得的两次独立测定结果的绝对差值不得超过算术平均值的 20％。

五、思考题

1. 在进行液相色谱分析时，如何选择固定液？
2. 液相色谱法定性的依据是什么？用已知物对照法定性时应注意什么？

实验五　食品中反式脂肪酸的测定（GC-FID 法）

反式脂肪酸（trans fatty acid，TFA）是对植物油进行氢化改性过程中产生的一种不饱和脂肪酸（改性后的油称为氢化油）。这种加工可防止油脂变质，改变风味。反式脂肪酸中至少含有一个反式构型双键的脂肪酸，即 C ＝C 结合的氢在两侧，而顺式结构的脂肪酸中C ＝C 结合的氢只在同侧。反式脂肪酸是所有含有反式双键的不饱和脂肪酸的总称，其双键上两个碳原子结合的两个氢原子分别在碳链的两侧，其空间构象呈线性。TFA 多为固态或半固态，熔点较高。TFA 可对机体多不饱和脂肪酸代谢产生干扰、影响血脂和脂蛋白及不利于胎儿的生长发育。

一、实验目的

1. 了解 GC-FID 法测定反式脂肪酸含量的技术原理。
2. 掌握样品的前处理方法。

二、实验方法

GC-FID 法。

三、实验原理

动植物油脂试样经氢氧化钾-甲醇和三氟化硼-甲醇在加热条件下甲酯化后，以气相色谱分离，火焰离子化检测器（FID）检测，内标法定量。

四、适用范围

适用于动植物油脂中反式脂肪酸含量的测定。

五、实验材料和仪器

1. 材料

① 石油醚：沸程 30～60℃。

② 乙醚。

③ 乙醇：体积分数为 95%。

④ 正己烷：色谱纯。

⑤ 氨水（$NH_3 \cdot H_2O$）：25%～28%。

⑥ 无水硫酸钠：将适量无水硫酸钠在 400℃ 箱式电炉中灼烧为白色粉末。200℃ 以下取出，于干燥器中冷却后待用。

⑦ 异辛烷（C_8H_{18}）：色谱纯。

⑧ 无水甲醇（CH_4O）。

⑨ 氢氧化钾（KOH）。

⑩ 氯化钠（NaCl）。

⑪ 三氟化硼甲醇溶液（质量分数）：50%～52%。

⑫ 二十一烷酸标准品：纯度不低于 99%。

⑬ 脂肪酸甲酯标准品：C4：0、C6：0、C8：0、C10：0、C11：0、C12：0、C13：0、C14：0、C14：1、C15：0、C15：1、C16：0、C16：1、C17：0、C17：1、C18：0、C18：

1、C18：2、C18：3、C20：0、C20：1、C20：2、C20：3、C20：4、C20：5、C21：0、C22：0、C22：1、C22：2、C22：6、C23：0、C24：0、C24：1，纯度不低于99％。

⑭ 氢氧化钾-甲醇溶液 $[c(\mathrm{KOH})=0.5\mathrm{mol/L}]$：称取2.8g氢氧化钾，加入100mL无水甲醇。

⑮ 三氟化硼-甲醇溶液（质量分数10％）：取10mL三氟化硼甲醇，加入40mL无水甲醇。

⑯ 饱和氯化钠溶液。

⑰ 二十一烷酸内标储备溶液（10mg/mL）：准确称取100mg二十一烷酸标准品，用异辛烷溶解定容至10mL。该标准储备溶液在−18℃下，可以稳定储藏1年。

⑱ 二十一烷酸内标工作溶液（400μg/mL）：取400μL内标储备溶液，用异辛烷稀释定容至10mL。该标准工作溶液在−18℃下，可以稳定储藏1个月。

⑲ 脂肪酸甲酯标准工作溶液：脂肪酸甲酯标准品，用异辛烷稀释，配制成单个脂肪酸甲酯标准工作溶液和混合脂肪酸甲酯标准工作溶液，其浓度为100～200μg/mL。该标准工作溶液在−18℃下，可储藏1个月。

⑳ 刚果红溶液：称取1g刚果红，加水溶解并稀释至100mL。

㉑ 样品：婴幼儿乳粉、奶油或其他不含淀粉的婴幼儿食品。

2. 仪器

气相色谱仪：带有FID检测器；分析天平（感量为0.1mg）；具盖螺口玻璃管（25mL）；旋转蒸发器；恒温水浴锅：40～80℃；涡旋振荡器；离心机：转速＞4000r/min；100mL塑料离心管；10mL硬质玻璃具塞刻度离心管；脂肪收集瓶：圆底烧瓶，与旋转蒸发仪配套；25mL、10mL、5mL、1mL移液管。

六、实验步骤

1. 取样及分散

称取混合均匀的固体试样约1.5g，液体试样约10g（精确到0.1mg）于25mL螺口玻璃管中，加入10mL（45±2）℃的水（液体试样可只加1.5mL水），振摇使试样完全散开并充分混合，冷却至室温。

2. 脂肪的提取

向螺口玻璃管中加入3.0mL氨水，混匀。置于（60±2）℃水浴中保温15～20min，冷却至室温。加入10mL乙醇和1滴刚果红溶液，混匀。转入100mL塑料离心管中，再加入25mL乙醚，盖紧离心管盖，手动振摇1min，再加入25mL石油醚，手动振摇1min，以不低于4000r/min离心分层。倾出上清液于脂肪收集瓶中，为第一次提取。在剩余试样液中再加入5mL乙醇、25mL乙醚和25mL石油醚，按上述操作步骤进行第二次提取，用离心机离心分层后倾出上清液，与第一次的上清液合并。将脂肪收集瓶置于旋转蒸发器上，在（60±2）℃通入氮气条件下旋转蒸发除去溶剂，保留残渣，即为脂肪。

3. 油脂试样甲酯化

称取混合均匀油脂样品 25mg（精确到 0.1mg）置于 25mL 具盖螺口玻璃管中，加入 100μL 内标工作溶液，1mL 氢氧化钾-甲醇溶液，100℃反应 10min；取出冷却至室温后，加入 2mL 三氟化硼甲醇溶液，100℃反应 15min；冷却至室温，再加入 2mL 异辛烷和 2mL 饱和氯化钠溶液，混合，静置澄清后，取上清液待测。

4. 色谱条件

（1）色谱参考条件

色谱柱：RT-2560，100m×250μm×0.2μm 或相当者；

载气：氮气；

流速：1.0mL/min；

分流比：30：1；

进样口温度：250℃；

检测器温度：280℃；

柱温箱温度：初始温度 100℃，以 5℃/min 升温至 180℃保持 30min，再以 3℃/min 升温至 240℃保持 8min；

进样量：1μL。

（2）脂肪酸甲酯的换算因子 分别取 1mL 单个脂肪酸甲酯标准工作溶液和混合脂肪酸甲酯标准工作溶液于进样瓶，用以上色谱条件进行气相色谱检测，得到每个脂肪酸甲酯的峰面积和保留时间，按下式计算出每个脂肪酸甲酯的响应因子。

$$F_i = \frac{C_{si} \times A_{c21}}{A_{si} \times C_{c21}}$$

式中　　F_i ——脂肪酸甲酯 i 的响应因子；

C_{si} ——混合标准工作溶液中脂肪酸甲酯 i 的浓度，mg/mL；

A_{si} ——混合标准工作溶液中脂肪酸甲酯 i 的峰面积；

C_{c21} ——混合标准工作溶液中二十一烷酸甲酯的浓度，mg/mL；

A_{c21} ——混合标准工作溶液中二十一烷酸甲酯的峰面积。

5. 样品测定

取 1mL 样液于进样瓶，用气相色谱检测，得到样液每个脂肪酸甲酯的峰面积和保留时间。通过与混合标准溶液图谱比对定性，与内标（c21）峰面积比对定量，计算出样液中反式脂肪酸甲酯的含量。

6. 结果计算

（1）试料中某一种反式脂肪酸含量的计算 试料中反式脂肪酸 i 的含量（w_i）以质量百分数（%）表示，按下式计算：

$$w_i = F_i \times \frac{A_i}{A_{c21}} \times \frac{C_{c21} \times V_{c21}}{m} \times 100$$

式中　　w_i——试料中反式脂肪酸 i 的含量,%；

　　　　F_i——脂肪酸甲酯 i 的响应因子；

　　　　A_i——样液中脂肪酸甲酯 i 的峰面积；

　　　A_{c21}——样液中二十一烷酸甲酯的峰面积；

　　　C_{c21}——二十一烷酸的浓度,mg/mL；

　　　V_{c21}——试样中加入二十一烷酸工作溶液的体积,mL；

　　　　m——试样质量,mg。

（2）反式脂肪酸总含量的计算　　试料中反式脂肪酸总量（w）以质量百分数（%）表示,按下式计算：

$$w = \sum w_i$$

式中　　w——试料中反式脂肪酸总含量,%；

　　　　w_i——试料中反式脂肪酸 i 的含量,%。

测定结果取其两次测定的算术平均值,计算结果保留至小数后两位。

七、注意事项

① 三氟化硼有毒,其相关操作在通风橱里完成,玻璃仪器用后,应立即用水冲洗。

② 以重复性条件下获得的两次独立测定结果的算术平均值表示,结果保留三位有效数字。

③ 在重复性条件下获得两次独立测定结果的绝对差值不得超过算术平均值的 10%。

八、思考题

1. 气相色谱分析时为什么要对某些待测成分进行化学衍生化？主要的衍生化方法有哪些？

2. 真实样品的分析中,色谱图保留时间 35min 以内和 40min 以外常会出现不少其他峰,它们可能是哪类物质？

3. 试样的脂肪提取液旋转蒸发时,为什么要通入氮气？

实验六　食品中黄曲霉毒素的测定（LC-MS 法）

黄曲霉毒素（AF）是一类主要由黄曲霉和寄生曲霉产生的有毒次生代谢产物,在湿热地区粮油食品和饲料中出现的概率最高。黄曲霉毒素依据其化学结构的不同,产生的衍生物有 20

余种，最主要的有黄曲霉毒素 B_1、B_2、G_1、G_2，以及 M_1、M_2 等，其中黄曲霉毒素 B_1（AFB_1）的毒性最强。黄曲霉毒素对人类健康的巨大危害主要表现在：①剧毒性。黄曲霉毒素是目前为止发现毒性最强的真菌毒素，毒性是氰化钾的 10 倍，砒霜的 68 倍。②强致癌性。AFB_1 是目前发现的最强致癌物之一，被世界卫生组织划为第一类致癌物质，其致癌能力是二甲基亚硝胺的 75 倍，3,4-苯并芘的 4000 倍，可诱发几乎所有动物发生肝癌，长期食用含低浓度黄曲霉毒素的食物被认为是导致肝癌、胃癌、肠癌等疾病的主要原因。③分布很广。AFB_1 在农产品中几乎无法避免，广泛存在于霉变的花生、玉米、大米、大麦、小麦等农产品及食用油中。全国饲料中 AFB_1 平均检出率为 99.5%，超标率 2.3%，奶牛摄食 AFB_1 超标的饲料会导致牛乳及乳制品中黄曲霉毒素超标。目前黄曲霉毒素检测的主要方法有薄层色谱（TLC）、高效液相色谱（HPLC）、免疫亲和柱（IAC）和酶联免疫吸附（ELISA）等方法。

一、实验目的

1. 掌握食品中黄曲霉毒素的提取、净化过程。
2. 掌握 LC-MS 法测黄曲霉毒素含量。

二、实验方法

LC-MS 法。

三、实验原理

试样中的黄曲霉毒素 B_1、黄曲霉毒素 B_2、黄曲霉毒素 G_1、黄曲霉毒素 G_2，用乙腈-水溶液或甲醇-水溶液提取，提取液用含 1% Triton X-100（或吐温-20）的磷酸盐缓冲溶液稀释后，通过免疫亲和柱净化和富集，净化液浓缩、定容和过滤后经液相色谱分离，串联质谱检测，同位素内标法定量。

四、适用范围

谷物及其制品、豆类及其制品、坚果及籽类、油脂及其制品、调味品、婴幼儿配方食品和婴幼儿辅助食品中 AFB_1、AFB_2、AFG_1 和 AFG_2 的测定。

五、实验材料和仪器

1. 材料

（1）试剂

① 乙腈（CH_3CN）：色谱纯。

② 甲醇（CH_3OH）：色谱纯。

③ 乙酸铵（CH_3COONH_4）：色谱纯。

④ 氯化钠（$NaCl$）。

⑤ 磷酸氢二钠（Na_2HPO_4）。

⑥ 磷酸二氢钾（KH_2PO_4）。

⑦ 氯化钾（KCl）。

⑧ 盐酸（HCl）。

⑨ Triton X-100 $[C_{14}H_{22}O(C_2H_4O)_n]$（或吐温-20，$C_{58}H_{114}O_{26}$）。

（2）试剂配制

① 乙酸铵溶液（5mmol/L）：称取 0.39g 乙酸铵，用水溶解后稀释至 1000mL，混匀。

② 乙腈-水溶液（84:16）：取 840mL 乙腈加入 160mL 水，混匀。

③ 甲醇-水溶液（70:30）：取 700mL 甲醇加入 300mL 水，混匀。

④ 乙腈-水溶液（50:50）：取 50mL 乙腈加入 50mL 水，混匀。

⑤ 乙腈-甲醇溶液（50:50）：取 50mL 乙腈加入 50mL 甲醇，混匀。

⑥ 10%盐酸溶液：取 1mL 盐酸，用纯水稀释至 10mL，混匀。

⑦ 磷酸盐缓冲溶液（以下简称 PBS）：称取 8.00g 氯化钠、1.20g 磷酸氢二钠（或 2.92g 十二水磷酸氢二钠）、0.20g 磷酸二氢钾、0.20g 氯化钾，用 900mL 水溶解，用盐酸调节 pH 至 7.4±0.1，加水稀释至 1000mL。

⑧ 1% Triton X-100（或吐温-20）的 PBS：取 10mL Triton X-100（或吐温-20），用 PBS 稀释至 1000mL。

（3）标准品

① AFB_1 标准品：纯度≥98%，或经国家认证并授予标准物质证书的标准物质。

② AFB_2 标准品：纯度≥98%，或经国家认证并授予标准物质证书的标准物质。

③ AFG_1 标准品：纯度≥98%，或经国家认证并授予标准物质证书的标准物质。

④ AFG_2 标准品：纯度≥98%，或经国家认证并授予标准物质证书的标准物质。

⑤ 同位素内标$^{13}C_{17}$-AFB_1：纯度≥98%，浓度为 0.5μg/mL。

⑥ 同位素内标$^{13}C_{17}$-AFB_2：纯度≥98%，浓度为 0.5μg/mL。

⑦ 同位素内标$^{13}C_{17}$-AFG_1：纯度≥98%，浓度为 0.5μg/mL。

⑧ 同位素内标$^{13}C_{17}$-AFG_2：纯度≥98%，浓度为 0.5μg/mL。

（4）标准溶液配制

① 标准储备溶液（10μg/mL）：分别称取 AFB_1、AFB_2、AFG_1 和 AFG_2 1mg（精确至 0.01mg），用乙腈溶解并定容至 100mL。此溶液浓度约为 10μg/mL。溶液转移至试剂瓶中后，在−20℃下避光保存，备用。

② 混合标准工作液（100μg/mL）：准确移取混合标准储备溶液（1.0μg/mL）1.00mL 至 100mL 容量瓶中，乙腈定容。此溶液密封后避光−20℃下保存，三个月有效。

③ 混合同位素内标工作液（100μg/mL）：准确移取 0.5μg/mL $^{13}C_{17}$-AFB_1、$^{13}C_{17}$-AFB_2、$^{13}C_{17}$-AFG_1 和 $^{13}C_{17}$-AFG_2 各 2.00mL，用乙腈定容至 10mL。在−20℃下避光保存，

备用。

④ 标准系列工作溶液：准确移取混合标准工作液（100μg/mL）10μL、50μL、100μL、200μL、500μL、800μL、1000μL 至 10mL 容量瓶中，加入 200μL、100μg/mL 的同位素内标工作液，用初始流动相定容至刻度，配制成浓度为 0.1μg/mL、0.5μg/mL、1.0μg/mL、2.0μg/mL、5.0μg/mL、8.0μg/mL、10.0μg/mL 的系列标准溶液。

2. 仪器

① 匀浆机。

② 高速粉碎机。

③ 组织捣碎机。

④ 涡旋振荡器。

⑤ 天平：感量 0.01g 和 0.001g。

⑥ 高速均质器：转速 6500～24000r/min。

⑦ 离心机：转速≥6000r/min。

⑧ 固相萃取装置（带真空泵）。

⑨ 氮吹仪。

⑩ 液相色谱-串联质谱仪：带电喷雾离子源。

⑪ 液相色谱柱。

⑫ 免疫亲和柱：AFB_1 柱容量≥200μg，AFB_1 柱回收率≥80%，AFG_2 的交叉反应率≥80%。

⑬ 黄曲霉毒素专用型固相萃取净化柱或功能相当的固相萃取柱（以下简称净化柱）：对复杂基质样品测定时使用。

⑭ 微孔滤头：带 0.22μm 微孔滤膜。

⑮ 筛网：1～2mm 试验筛孔径。

⑯ pH 计。

六、实验步骤

1. 样品制备

（1）液体样品（植物油、酱油、醋等） 采样量需大于 1L，对于袋装、瓶装等包装样品需至少采集 3 个包装（同一批次或号），将所有液体样品在一个容器中用匀浆机混匀后，其中任意的 100g（mL）样品进行检测。

（2）固体样品（谷物及其制品、坚果及籽类、婴幼儿谷类辅助食品等） 采样量需大于 1kg，用高速粉碎机将其粉碎，过筛，使其粒径小于 2mm 孔径试验筛，混合均匀后缩分至 100g，储存于样品瓶中，密封保存，供检测用。

（3）半流体（腐乳、豆豉等） 采样量需大于 1kg（L），对于袋装、瓶装等包装样品需至少采集 3 个包装（同一批次或号），用组织捣碎机捣碎混匀后，储存于样品瓶中，密封保存，供检测用。

2. 样品提取

（1）液体样品

① 植物油脂：称取 5g 试样（精确至 0.01g）于 50mL 离心管中，加入 100μL 同位素内标工作液振荡混合后静置 30min。加入 20mL 乙腈-水溶液（84%）或甲醇-水溶液（70%），涡旋混匀，置于涡旋振荡器振荡 20min（或用均质器均质 3min），在 6000r/min 下离心 10min，取上清液备用。

② 酱油、醋：称取 5g 试样（精确至 0.01g）于 50mL 离心管中，加入 125μL 同位素内标工作液振荡混合后静置 30min。用乙腈或甲醇定容至 25mL（精确至 0.1mL），涡旋混匀，置于涡旋振荡器振荡 20min（或用均质器均质 3min），在 6000r/min 下离心 10min（或均质后玻璃纤维滤纸过滤），取上清液备用。

（2）固体样品

① 一般固体样品：称取 5g 试样（精确至 0.01g）于 50mL 离心管中，加入 100μL 同位素内标工作液振荡混合后静置 30min。加入 20.0mL 乙腈-水溶液（84%）或甲醇-水溶液（70%），涡旋混匀，置于涡旋振荡器中振荡 20min（或用均质器均质 3min），在 6000r/min 下离心 10min，取上清液备用。

② 婴幼儿配方食品和婴幼儿辅助食品：称取 5g 试样（精确至 0.01g）于 50mL 离心管中，加入 100μL 同位素内标工作液振荡混合后静置 30min。加入 20.0mL 乙腈-水溶液（50%）或甲醇-水溶液（70%），涡旋混匀，置于涡旋振荡器振荡 20min（或用均质器均质 3min），在 6000r/min 下离心 10min，取上清液备用。

③ 半流体样品：称取 5g 试样（精确至 0.01g）于 50mL 离心管中，加入 100μL 同位素内标工作液振荡混合后静置 30min。加入 20.0mL 乙腈-水溶液（84%）或甲醇-水溶液（70%），置于涡旋振荡器振荡 20min（或用均质器均质 3min），在 6000r/min 下离心 10min，取上清液备用。

3. 样品净化

（1）免疫亲和柱净化　准确移取 4mL 上清液，加入 46mL 1% Triton X-100（或吐温-20）的 PBS（使用甲醇-水溶液提取时可减半加入），混匀。将低温下保存的免疫亲和柱恢复至室温。

待免疫亲和柱内原有液体流尽后，将上述样液移至 50mL 注射器筒中，调节下滴速度，控制样液以 1～3mL/min 的速度稳定下滴。待样液滴完后，往注射器筒内加入 2×10mL 水，以稳定流速淋洗免疫亲和柱。待水滴完后，用真空泵抽干亲和柱。脱离真空系统，在亲和柱下部放置 10mL 刻度试管，取下 50mL 的注射器筒，加入 2×1mL 甲醇洗脱亲和柱，控制 1～3mL/min 速度下滴，再用真空泵抽干亲和柱，收集全部洗脱液至试管中。在 50℃ 下用氮气缓缓地将洗脱液吹至近干，加入 1.0mL 初始流动相，涡旋 30s 溶解残留物，0.22μm 滤膜过滤，收集滤液于进样瓶中以备进样。

（2）黄曲霉毒素固相净化柱和免疫亲和柱同时使用（对花椒、胡椒和辣椒等复杂基质）

移取适量上清液，按净化柱操作说明进行净化，收集全部净化液。用刻度移液管准确吸取上述净化液 4mL，加入 46mL 1‰ Triton X-100（或吐温-20）的 PBS [使用甲醇-水溶液提取时，加入 23mL 1‰ Triton X-100（或吐温-20）的 PBS]，混匀。

4. 液相色谱参考条件

（1）流动相　A 相：5mmol/L 乙酸铵溶液；B 相：乙腈-甲醇溶液（50∶50）。

（2）梯度洗脱　32％ B（0～0.5min），45％ B（3～4min），100％ B（4.2～4.8min），32％ B（5.0～7.0min）。

（3）色谱柱　C18 柱（柱长 100mm，柱内径 2.1mm；填料粒径 1.7μm）。

（4）流速　0.3mL/min。

（5）柱温　40℃。

（6）进样体积　10μL。

5. 质谱参考条件

（1）检测方式　多离子反应监测（MRM）。

（2）离子源控制条件　参见表 7-10。

（3）离子选择参数　参见表 7-11。

表 7-10　离子源控制条件

电离方式	ESI$^+$	电离方式	ESI$^+$
毛细管电压/kV	3.5	锥孔反吹气流量/(L/h)	50
锥孔电压/V	30	脱溶剂气温度/℃	500
射频透镜 1 电压/V	14.9	脱溶剂气流量/(L/h)	800
射频透镜 2 电压/V	15.1	电子倍增电压/V	650
离子源温度/℃	150		

表 7-11　离子选择参数表

化合物名称	母离子 (m/z)	定量离子 (m/z)	碰撞能量 /eV	定性离子 (m/z)	碰撞能量 /eV	离子化方式
AFB$_1$	313	285	22	241	38	ESI$^+$
^{13}C$_{17}$-AFB$_1$	330	255	23	301	35	ESI$^+$
AFB$_2$	315	287	25	259	28	ESI$^+$
^{13}C$_{17}$-AFB$_2$	332	303	25	273	28	ESI$^+$
AFG$_1$	329	243	25	283	25	ESI$^+$

化合物名称	母离子（m/z）	定量离子（m/z）	碰撞能量/eV	定性离子（m/z）	碰撞能量/eV	离子化方式
$^{13}C_{17}$-AFG$_1$	346	257	25	299	25	ESI$^+$
AFG$_2$	331	245	30	285	27	ESI$^+$
$^{13}C_{17}$-AFG$_2$	348	259	30	301	27	ESI$^+$

6. 定性测定

试样中目标化合物色谱峰的保留时间与相应标准色谱峰的保留时间相比较，变化范围应在±2.5%之内。

每种化合物的质谱定性离子必须出现，至少应包括一个母离子和两个子离子，而且同一检测批次，对同一化合物，样品中目标化合物的两个子离子的相对丰度比与浓度相当的标准溶液相比，其允许偏差不超过表7-12规定的范围。

表 7-12　定性时相对离子丰度的最大允许偏差

相对离子丰度/%	＞50	20～50	10～20	≤10
允许相对偏差/%	±20	±25	±30	±50

7. 标准曲线的制作

将标准系列溶液由低到高浓度进样检测，以 AFB$_1$、AFB$_2$、AFG$_1$ 和 AFG$_2$ 色谱峰与各对应内标色谱峰的峰面积比值-浓度作图，得到标准曲线回归方程，其线性相关系数应大于 0.99。

8. 试样溶液的测定

取净化后的待测溶液进样，内标法计算待测液中目标物质的质量浓度，计算样品中待测物的含量。待测样液中的响应值应在标准曲线线性范围内，超过线性范围则应适当减少取样量重新测定。

不称取试样做空白实验。应确认不含有干扰待测组分的物质。

9. 计算

试样中 AFB$_1$、AFB$_2$、AFG$_1$ 和 AFG$_2$ 的残留量按下式计算：

$$X = \frac{\rho \times V_1 \times V_3 \times 1000}{V_2 \times m \times 1000}$$

式中　X ——试样中 AFB$_1$、AFB$_2$、AFG$_1$ 或 AFG$_2$ 的含量，μg/mg；

ρ ——进样溶液中 AFB_1、AFB_2、AFG_1 或 AFG_2 按照内标法在标准曲线中对应的浓度，ng/mL；

V_1 ——试样提取液体积（植物油脂、固体、半固体按加入的提取液体积；酱油、醋按定容总体积），mL；

V_2 ——用于净化分取的样品体积，mL；

V_3 ——样品经净化洗脱后的最终定容体积，mL；

m ——试样的称样量，g；

1000——换算系数。

七、注意事项

① 此方法的整个操作过程需要在暗室条件下进行。

② 测定过程要严格按照操作要求，注意人员的安全操作，佩戴手套，身着防护服，并且不得污染环境。

③ 残留黄曲霉毒素的废液或废渣的玻璃器皿，应置于专用贮存容器（装有 10％次氯酸钠溶液）内，浸泡 24h 以上，再用清水将玻璃器皿冲洗干净。其他污染黄曲霉毒素的材料和容器需要消毒后再处理。

八、思考题

1. LC-MS 测定黄曲霉毒素有哪些优越性？

2. 何为分子离子？根据 LC-MS 质谱图，能获得哪些质谱信息？

3. 根据不同的分离目的，如何选择色谱柱？

ICP-AES 法测定
食品中有害元素

实验七
原子吸收光谱法测定食品中有害元素（Pb、Cd）

常见的重金属污染主要指铅、镉、铬、汞和砷的污染。重金属大多具有累积性，一旦进入人体很难被排出体外，会对健康造成无法逆转的巨大损害，对儿童的健康危害尤其大。铅、砷、汞在内的重金属对儿童的神经发育、智力发育都会造成巨大的危害。食品中铅、镉等有害重金属元素的致癌性，已得到联合国癌症研究机构和美国癌症研究所的高度重视，其致癌性高于农药和兽药中的残留。

一、实验目的

1. 了解原子吸收光谱法测定 Pb、Cd 的原理。
2. 掌握消解、石墨炉原子化、吸光度的概念和知识。
3. 掌握不同消解方式的操作技能，掌握原子吸收光谱仪的正确使用方法。

二、实验方法

原子吸收光谱法。

三、实验原理

将含待测元素的溶液通过原子化系统喷成细雾，随载气进入火焰，并在火焰中解离成基态原子，当相应离子空心阴极灯辐射出待测元素特征波长光通过火焰时，被其吸收，在一定条件下，特征波长光强的变化与火焰中待测元素基态原子的浓度有定量关系，也符合朗伯-比尔定律，吸光度与待测离子浓度 C 成正比。

铅：试样消解处理后，经石墨炉原子化，在 283.3nm 处测定吸光度。在一定浓度范围内铅的吸光度值与铅含量成正比，与标准系列比较定量。

镉：试样消解处理后，在 228.8nm 处测定吸光度。在一定浓度范围内，镉的吸光度值与镉含量成正比，与标准系列溶液比较定量。

四、适用范围

适用于各类食品中 Pb、Cd 含量的测定。

五、实验材料和仪器

1. 材料

（1）试剂

① 硝酸（HNO_3）。

② 高氯酸（$HClO_4$）。

③ 磷酸二氢铵（$NH_4H_2PO_4$）。

④ 硝酸钯［$Pd(NO_3)_2$］。

⑤ 盐酸（HCl）：优级纯。

⑥ 过氧化氢（H_2O_2，30％）。

（2）试剂配制

① 硝酸溶液（5%）：量取 50mL 硝酸，缓慢加入 950mL 水中，混匀。

② 硝酸溶液（10%）：量取 50mL 硝酸，缓慢加入 450mL 水中，混匀。

③ 硝酸溶液（1%）：取 10.0mL 硝酸加入 100mL 水中，稀释至 1000mL。

④ 硝酸-高氯酸混合溶液（10%），取 9 份硝酸与 1 份高氯酸混合。

⑤ 盐酸溶液（50%）：取 50mL 盐酸慢慢加入 50mL 水中。

⑥ 磷酸二氢铵-硝酸钯溶液：称取 0.02g 硝酸钯，加少量硝酸溶液（10%）溶解后，再加入 2g 磷酸二氢铵，溶解后用硝酸溶液（5%）定容至 100mL，混匀。

⑦ 磷酸二氢铵溶液（10g/L）：称取 10.0g 磷酸二氢铵，用 100mL 硝酸溶液（1%）溶解后定量移入 1000mL 容量瓶，用硝酸溶液（1%）定容至刻度。

（3）标准品

硝酸铅 $[Pb(NO_3)_2]$：纯度＞99.99%。

氯化镉（$CdCl_2$）：纯度＞99.99%或经国家认证并授予标准物质证书的标准物质。

（4）标准溶液配制

① 铅标准储备液（1000mg/L）：准确称取 1.5985g（精确至 0.0001g）硝酸铅，用少量硝酸溶液（10%）溶解，移入 1000mL 容量瓶，加水至刻度，混匀。

② 铅标准中间液（1.00mg/L）：准确吸取铅标准储备液（1000mg/L）1.00mL 于 1000mL 容量瓶中，加硝酸溶液（5%）至刻度，混匀。

③ 铅标准系列溶液：分别吸取铅标准中间液（1.00mg/L）0mL、0.2mL、0.5mL、1.0mL、2.0mL 和 4.0mL 于 100mL 容量瓶中，加硝酸溶液（5%）至刻度，混匀。此铅标准系列溶液的质量浓度分别为 0μg/L、2.0μg/L、5.0μg/L、10.0μg/L、20.0μg/L 和 40.0μg/L（可根据仪器的灵敏度及样品中铅的实际含量确定标准系列溶液中铅的质量浓度）。

④ 镉标准储备液（100mg/L）：准确称取氯化镉 0.2032g，用少量硝酸溶液（10%）溶解，移入 1000mL 容量瓶中，用水定容至刻度，混匀。

⑤ 镉标准使用液（100μg/L）：吸取镉标准储备液 1.00mL 于 1000mL 容量瓶中，用硝酸溶液（5%）定容至刻度，混匀。

⑥ 镉标准曲线工作液：准确吸取镉标准使用液 0mL、0.2mL、0.5mL、1.0mL、2.0mL 和 4.0mL 于 100mL 容量瓶中，用硝酸溶液（5%）定容至刻度，即得到含镉量分别为 0μg/L、0.2μg/L、0.5μg/L、1.0μg/L、2.0μg/L、4.0μg/L 的标准系列溶液。

2. 仪器

所有玻璃器皿及聚四氟乙烯消解内罐均需硝酸溶液（20%）浸泡过夜，用自来水反复冲洗，最后用水冲洗干净。

① 原子吸收光谱仪：配石墨炉原子化器，附铅空心阴极灯、镉空心阴极灯。

② 分析天平：感量 0.1mg 和 1mg。

③ 可调式电热炉。

④ 可调式电热板。

⑤ 微波消解系统：配聚四氟乙烯消解内罐。

⑥ 恒温干燥箱。

⑦ 压力消解罐：配聚四氟乙烯消解内罐。

六、实验步骤

1. 试样制备

在采样和试样制备过程中，应避免试样污染。粮食、豆类样品去除杂物后，粉碎，储于塑料瓶中。蔬菜、水果、鱼类、肉类等样品用水洗净，晾干，取可食部分，制成匀浆，储于塑料瓶中。饮料、酒、醋、酱油、食用植物油、液态乳等液体样品摇匀。

2. 试样前处理

（1）湿法消解　称取固体试样 0.2～3g（精确至 0.001g）或准确移取液体试样 0.500～5.00mL 于带刻度消化管中，加入 10mL 硝酸和 0.5mL 高氯酸，在可调式电热炉上消解（参考条件：120℃/0.5～1h；升至 180℃/2～4h，升至 200～220℃）。若消化液呈棕褐色，再加少量硝酸，消解至冒白烟，消化液呈无色透明或略带黄色，取出消化管，冷却后用水定容至 10mL，混匀备用。同时做试剂空白试验。亦可采用锥形瓶，于可调式电热板上，按上述操作方法进行湿法消解。

（2）微波消解　称取固体试样 0.2～2g（精确至 0.001g）或准确移取液体试样 0.50～3.00mL 于微波消解罐中，加入 5～10mL 硝酸，按照微波消解的操作步骤消解试样，消解条件参考表 7-13。冷却后取出消解罐，在电热板上于 140～160℃赶酸至近干。消解罐放冷后，将消化液转移至 10mL 容量瓶中，用少量水洗涤消解罐 2～3 次，合并洗涤液于容量瓶中并用水定容至刻度，混匀备用。同时做试剂空白试验。

表 7-13　微波消解参考条件

步骤	设定温度/℃	升温时间/min	恒温时间/min
1	120	5	5
2	160	5	10
3	180	5	10

（3）压力罐消解　称取固体试样 0.2～1g（精确至 0.001g）或准确移取液体试样 0.50～5.00mL 于消解内罐中，加入 5～10mL 硝酸。盖好内盖，旋紧不锈钢外套，放入恒温干燥箱，于 140～160℃下保持 4～5h。冷却后缓慢旋松不锈钢外套，取出消解内罐，放在可调式电热板上于 140～160℃赶酸至 1mL 左右。冷却后将消化液转移至 10mL 容量瓶中，用少量水洗涤内罐和内盖 2～3 次，合并洗涤液于容量瓶中并用水定容至刻度，混匀备用。同时做试剂空白试验。

3. 标准曲线的制作

(1) 制作铅标准曲线　按质量浓度由低到高的顺序分别将 $10\,\mu L$ 铅标准系列溶液和 $5\,\mu L$ 磷酸二氢铵-硝酸钯溶液（可根据所使用的仪器确定最佳进样量）同时注入石墨炉，原子化后测其吸光度值，以质量浓度为横坐标，吸光度值为纵坐标，制作标准曲线。

(2) 制作镉标准曲线　按质量浓度由低到高的顺序分别取 $10\,\mu L$ 镉标准系列溶液和 $5\,\mu L$ 磷酸二氢铵-硝酸钯混合溶液（可根据所使用的仪器确定最佳进样量）同时注入石墨炉，原子化后测其吸光度值，以质量浓度为横坐标，吸光度值为纵坐标，制作标准曲线。

4. 测定样品溶液吸光度

(1) 测定铅样品溶液吸光度　在与测定标准溶液相同的实验条件下，将 $10\,\mu L$ 空白溶液或试样溶液与 $5\,\mu L$ 磷酸二氢铵-硝酸钯溶液（可根据所使用的仪器确定最佳进样量）同时注入石墨炉，原子化后测其吸光度值，与标准系列比较定量。

(2) 测定镉样品溶液吸光度　在与测定标准溶液相同的实验条件下，吸取 $10\,\mu L$ 空白溶液或试样溶液与 $5\,\mu L$ 磷酸二氢铵-硝酸钯溶液（可根据使用仪器选择最佳进样量），同时注入石墨炉，原子化后测其吸光度值。根据标准曲线得到待测液中镉的质量浓度。若测定结果超出标准曲线范围，用硝酸溶液（5%）稀释后测定。

5. 计算

(1) 计算铅含量　试样中铅的含量按下式计算：

$$X = \frac{(\rho - \rho_0) \times V}{m \times 1000}$$

式中　X——试样中铅的含量，mg/kg 或 mg/L；

　　　ρ——试样溶液中铅的质量浓度，$\mu g/L$；

　　　ρ_0——空白溶液中铅的质量浓度，$\mu g/L$；

　　　V——试样消化液的定容体积，mL；

　　　m——试样称样量或移取体积，g 或 mL；

　　1000——换算系数。

当铅含量 $\geqslant 1.00\,mg/kg$（或 mg/L）时，计算结果保留三位有效数字；当铅含量 $<1.00\,mg/kg$（或 mg/L）时，计算结果保留两位有效数字。

(2) 计算镉含量　试样中镉的含量按下式计算：

$$X = \frac{(c - c_0) \times V \times f}{m \times 1000}$$

式中　X——试样中镉的含量，mg/kg 或 mg/L；

　　　c——试样消化液中镉的质量浓度，$\mu g/L$；

　　　c_0——空白液中镉的质量浓度，$\mu g/L$；

　　　V——试样消化液的定容体积，mL；

f ——稀释倍数；

m ——试样质量或移取体积，g 或 mL；

1000——换算系数。

七、注意事项

① 以重复性条件下获得的两次独立测定结果的算术平均值表示，结果保留两位有效数字。

② 两次独立测定结果的绝对差值不得超过算术平均值的 20%。

③ 所用玻璃仪器均需以硝酸溶液（20%）浸泡 24h 以上，用水反复冲洗，最后用去离子水。

八、思考题

1. 原子吸收光谱法测定食品中铅含量时，需要准备哪些必要的仪器？

2. 依据本实验的原理和结果对比，你认为消解方法中哪一种能够更好更准确地测定出食品中铅的含量？为什么？

实验八
双道原子荧光光度计测定食品中有害元素（As、Hg）

痕量砷和汞的分析测定常用银盐法、比色法、分光光度法、原子吸收法等，氢化物原子荧光光谱法是近年来发展起来的一种新的痕量元素分析方法。双道原子荧光光谱法同时测定食品中的砷和汞的方法。本方法具有一次性消化样品，同时测定食品中砷和汞含量的优点，操作简单、快速，基体干扰少，灵敏度高，节省试剂，结果可靠，仪器性能稳定。

一、实验目的

1. 掌握双道原子荧光光谱法测定食品中砷和汞含量的原理。

2. 掌握双道原子荧光光谱法测定食品中砷和汞含量的操作方法。

3. 掌握样品经湿法消解或干灰化法的处理方法。

二、实验方法

双道原子荧光光谱法。

三、实验原理

样品经酸热消解后砷以五价形式存在，利用维生素 C 与硫脲将五价砷还原为三价砷后，在酸性条件下，硼氢化钾将三价砷、二价汞分别还原为砷化氢、原子态汞。以氩气为载气，将气态的氢化物导入电热石英原子化器中原子化，在特定的空心阴极灯照射下，基态原子被激发至高能态，在去活化回到基态的过程中，发射出特征波长的荧光，其强度与元素的含量成正比，根据系列标准溶液比较定量。

四、适用范围

适用于各类食品中砷和汞含量的测定。

五、实验材料和仪器

1. 材料

所有试剂均为 AR 级，酸为 GR 级，水为蒸馏水。

① 三氧化二砷（As_2O_3）标准品：纯度≥99.5%。

② 砷标准储备溶液（100mg/L，按 As 计）：称取 100℃干燥 2h 的三氧化二砷 0.0132g，加 100g/L 氢氧化钠溶液 1mL 和少量水溶解，转入 100mL 容量瓶中，加入适量盐酸调整酸度至中性，加水稀释至刻度。4℃避光保存，保存期一年。或购买国家认证并授予标准物质证书的标准溶液物质。

③ 砷标准使用液（1.00mg/L，按 As 计）：吸取 1.00mL 砷标准储备液于 100mL 容量瓶中，用硝酸溶液（2%）稀释至刻度，此溶液要临用现配。

④ 5g/L 氢氧化钾溶液：称取 5.0g 氢氧化钾，溶于 1000mL 纯水中，混匀。

⑤ 20g/L 硼氢化钾溶液：称取 20.0g 硼氢化钾，溶于 1000mL 5g/L 氢氧化钾溶液中，混匀。

⑥ 载液（10%盐酸溶液）：量取 100mL 盐酸，倒入 900mL 水中，混匀。

⑦ 王水（1∶1）溶液：量取 300mL 盐酸，100mL 硝酸，倒入 400mL 水中，混匀。

⑧ 硫脲。

⑨ 氯化汞（$HgCl_2$，CAS 号：7487-94-7）：纯度≥99%。

⑩ 汞标准储备液（1000mg/L）：准确称取 0.1354g 氯化汞，用重铬酸钾的硝酸溶液（0.5g/L）溶解并转移至 100mL 容量瓶中，稀释并定容至刻度，混匀。于 2～8℃冰箱中避光保存，有效期 2 年。或购买经国家认证并授予标准物质证书的汞标准溶液。

⑪ 汞标准中间液（10.0mg/L）：准确吸取汞标准储备液（1000mg/L）1.00mL 于 100mL 容量瓶中，用重铬酸钾的硝酸溶液（0.5g/L）稀释并定容至刻度，混匀。于 2～8℃ 冰箱中避光保存，有效期 1 年。

⑫ 汞标准使用液（50.0μg/L）：准确吸取汞标准中间液（10.0mg/L）1.00mL 于 200mL 容量瓶中，用重铬酸钾的硝酸溶液（0.5g/L）稀释并定容至刻度，混匀。临用现配。

⑬ 混合还原剂溶液：称取 10.0g 硫脲，加约 80mL 水，加热溶解，待冷却后加入 10.0g 抗坏血酸，稀释至 100mL。现用现配。

⑭ 100g/L 氢氧化钠溶液：称取 10.0g 氢氧化钠，溶于 100mL 纯水中。

⑮ 150g/L 硝酸镁溶液：称取 15.0g 硝酸镁，溶于 100mL 纯水中。

⑯ 盐酸溶液（50%）：量取 100mL 盐酸，缓缓倒入 100mL 水中，混匀。

⑰ 硫酸溶液（10%）：量取 100mL 硫酸，缓缓倒入 900mL 水中，混匀。

⑱ 硝酸溶液（2%）：量取 20mL 硝酸，缓缓倒入 980mL 水中，混匀。

⑲ 高氯酸。

⑳ 氧化镁：分析纯。

㉑ 过氧化氢（H_2O_2）。

㉒ 重铬酸钾（$K_2Cr_2O_7$）。

㉓ 硝酸溶液（5%）：量取 50mL 硝酸，缓缓加入 950mL 水中，混匀。

㉔ 重铬酸钾的硝酸溶液（0.5g/L）：称取 0.5g 重铬酸钾，用硝酸溶液（5%）溶解并稀释至 1000mL，混匀。

2. 仪器

玻璃器皿及聚四氟乙烯消解内罐均需以硝酸溶液（20%）浸泡 24h，用水反复冲洗，最后用去离子水冲洗干净。

① AFS230E 型原子荧光光度计：配有计算机处理系统。

② 专用砷空心阴极灯。

③ 专用汞空心阴极灯。

④ 断续流自动进样系统。

⑤ 马弗炉。

⑥ 电热板。

⑦ 分析天平：感量 0.01mg、0.1mg 和 1mg。

⑧ 组织匀浆机。

⑨ 高速粉碎机。

六、实验步骤

1. 样品处理

预处理：在采样和制备过程中，应注意不使试样污染。粮食、豆类等样品去除杂物后粉碎均匀，装入洁净聚乙烯瓶中，密封保存备用。蔬菜、水果、鱼类、肉类及蛋类等新鲜样品，洗净晾干，取可食部分匀浆，装入洁净聚乙烯瓶中，密封，于4℃冰箱冷藏备用。

湿法消解：固体试样称取1.0～2.5g、液体试样量取5.0～10.0mL（精确至0.01mL），置于50～100mL锥形瓶中，同时做两份试剂空白。加硝酸20mL、高氯酸4mL、硫酸1.25mL，放置过夜。次日置于电热板上加热消解。若消解液处理至1mL左右时仍有未分解物质或色泽变深，取下放冷，补加硝酸5～10mL，再消解至2mL左右，如此反复两三次，注意避免炭化。继续加热至消解完全后，再持续蒸发至高氯酸的白烟散尽，硫酸的白烟开始冒出。冷却，加水25mL，再蒸发至冒硫酸白烟。冷却，用水将内容物转入25mL容量瓶或比色管中，加入硫脲＋抗坏血酸溶液2mL，补加水至刻度，混匀，放置30min，待测。按同一操作方法作空白试验。

干灰化法：固体试样称1.0～2.5g，液体试样取4.00mL（精确至0.001mL），置于50～100mL坩埚中，同时做两份试剂空白。加150g/L硝酸镁10mL混匀，低热蒸干，将1g氧化镁覆盖在干渣上，于电炉上炭化至无黑烟，移入550℃马弗炉灰化4h。取出放冷，小心加入盐酸溶液（50%）10mL以中和氧化镁并溶解灰分，转入25mL容量瓶或比色管，向容量瓶或比色管中加入硫脲＋抗坏血酸溶液2mL，另用硫酸溶液（10%）分次洗涤坩埚后合并洗涤液至25mL，混匀，放置30min，待测。按同一操作方法作空白试验。

2. As、Hg联用标准曲线

准确移取Hg标准使用溶液（Hg：1μg/mL）0.0mL、0.2mL、0.5mL、1.0mL、1.5mL、2.0mL分别置于6个100mL容量瓶中，用硝酸溶液（10%）稀释并定容至刻度，混匀；再准确移取As标准使用溶液（As：10μg/mL）0.00mL、0.10mL、0.25mL、0.50mL、1.5mL、3.0mL依次置于上述6个容量瓶中，加硫酸溶液（10%）12.5mL，混合还原剂溶液2mL，补加水至刻度，摇匀后放置30min。此标准系列浓度，Hg：0.00μg/L、0.20μg/L、0.50μg/L、1.00μg/L、1.50μg/L、2.00μg/L；As：0.0μg/mL、4.0μg/mL、10μg/mL、20μg/mL、60μg/mL、120μg/mL。将配好的曲线系列溶液移入仪器盛装待测液的试管中，用荧光值强度和As、Hg标准系列的浓度分别制作As、Hg标准曲线。

3. 测试方法

打开AFS230E仪器，将砷灯安装在A道，汞灯安装在B道，预热元素灯30分钟以上。输入仪器参数并设定好仪器条件，输入标准系列各点的浓度值。调节仪器炉高，重校调节光源位置，使光源照射在调光器中心位置，对仪器进行自检，压紧蠕动泵。用载液清洗管路，测量其标准空白值，当空白值小于设定条件时，即仪器可测量使用。测量完成后，打印标准曲线及数据。

4. 实验设备及工作参数

仪器工作参数见表7-14～表7-16。

表 7-14　AFS230E 操作条件和参数

参数	数值	参数	数值
光电倍增管负高压	240V	B 道总灯电流	15mA
原子化器高度	8mm	B 道辅助灯电流	0mA
A 道总灯电流	30mA	载气流量	300mL/min
A 道辅助灯电流	15mA	屏蔽气流量	600mL/min

表 7-15　AFS230E 测量条件

参数	数值	参数	数值
读数时间（1～60s）	12	B 道标准单位	μg/L
延迟时间（0～60s）	1.0	B 道标准曲线拟合次数	二次
重复读数（1～10）	1	标准曲线重校点	STD 9
测量方法	Std. Curve	重校标准曲线	No
读数方式	Peak Area	重校频率	10
A 道标准单位	μg/L	空白判别值	3
A 道标准曲线拟合次数	二次		

表 7-16　AFS230E 断续流动程序

步骤	时间/s	A 泵转速/(r/min)	B 泵转速/(r/min)	读数
1	8	100	105	NO
2	12	120	125	YES
3	0	0	0	NO
4	0	0	0	NO

5. 测定 As、Hg 含量

按上述方法测定样品 As、Hg 含量，同时做空白实验。

6. 结果计算

（1）测定样品中砷的浓度计算公式：

$$X = \frac{(c - c_0) \times V \times 1000}{m \times 1000 \times 1000}$$

式中　X ——试样中砷的含量，mg/kg 或 mg/L；

　　　c ——试样溶液中砷的含量，μg/mL；

　　　c_0 ——空白液中砷的含量，μg/mL；

　　　V ——试样消化液定容总体积，mL；

m ——试样称样量，g 或 mL；

1000——换算系数。

计算结果保留两位有效数字。

（2）测定样品中汞的浓度计算公式：

$$X = \frac{(\rho - \rho_0) \times V \times 1000}{m \times 1000 \times 1000}$$

式中　X ——试样中汞的含量，mg/kg；

　　　ρ ——试样溶液中汞的含量，μg/L；

　　　ρ_0 ——空白液中汞的含量，μg/L；

　　　V ——试样消化液定容总体积，mL；

　　　m ——试样称样量，g；

　　1000——换算系数。

当汞含量≥1.00mg/kg 时，计算结果保留三位有效数字；当汞含量＜1.00mg/kg 时，计算结果保留两位有效数字。

七、注意事项

① 砷必须还原为三价才能形成气态氢化物，还原的时间与酸度和温度有关。

② 硼氢化钾（钠）在水溶液中不稳定，浓度越低越不稳定，加入氢氧化钾（钠）后能提高其稳定性，但加入过多，会降低反应的酸度。

③ 酸试剂应尽量采用优级纯的试剂，以降低试剂空白。

④ 使用湿法消解时，对加酸后反应剧烈的样品，需进行一定时间的冷消解后再进行加温消解，避免产生大量的泡沫造成元素损失。

八、思考题

1. 有效防止湿法消解重金属元素损失的方法有哪些？

2. 硼氢化钾在氢化物发生装置中的作用是什么？

3. 原子荧光光谱与原子吸收光谱的异同点是什么？

拓展阅读：有毒金属——潜在污染食品的杀手

第八章
食品中非法添加物的快速检测

实验一
辣椒制品中苏丹红 I 的快速检测

预防农药残留，确保舌尖安全

　　"苏丹红"是一种化学染色剂，并非食品添加剂，它的化学成分中包含一种萘环结构的复杂化合物，该化合物具有偶氮结构，这样的化学结构带来的化学性质决定了它具有致癌性，对人体的肝肾器官具有明显的毒性作用。其不溶于水，微溶于乙醇，易溶于油脂、矿物油、丙酮和苯，在乙醇溶液中呈紫红色，在浓硫酸中呈品红色，稀释后呈橙色沉淀。

一、实验目的

　　1. 了解苏丹红 I 的危害性。
　　2. 掌握快速检测的方法。

二、实验原理

　　本方法采用竞争抑制免疫色谱原理。样品中的苏丹红 I 与胶体金标记的特异性抗体结合，抑制了抗体和检测线（T 线）上抗原的结合，从而导致检测线颜色深浅的变化。通过检测线与控制线（C 线）颜色深浅比较，对样品中苏丹红 I 进行定性判定。

　　本方法规定了辣椒制品中苏丹红 I 的胶体金免疫色谱快速检测方法。

　　本方法适用于辣椒酱、辣椒油、辣椒粉等辣椒制品中苏丹红 I 的快速测定。

三、实验材料和仪器

1. 材料

除另有规定外，本方法所用试剂均为分析纯，水为 GB/T 6682 规定的二级水。

（1）试剂

① 乙腈。

② 无水硫酸镁。

③ 正己烷。

④ 二氯甲烷。

⑤ 氢氧化钠。

⑥ 氢氧化钠溶液（2mol/L）：称取氢氧化钠 8g，用水溶解并稀释至 100mL。

⑦ 无水乙醇。

⑧ 复溶液：将无水乙醇与水按照体积比 25∶75 混匀。

（2）参考物质　苏丹红 I 参考物质的中文名称、英文名称、CAS 登录号、分子式、分子量见表 8-1，纯度≥95％。

表 8-1　苏丹红 I 参考物质的中文名称、英文名称、CAS 登录号、分子式、分子量

中文名称	英文名称	CAS 登录号	分子式	分子量
苏丹红 I	Sudan I	842-07-9	$C_{16}H_{12}N_2O$	248.28

注：或等同可溯源物质。

（3）标准溶液的配制

① 苏丹红 I 标准储备液（1mg/mL）：精密称取苏丹红 I 标准品适量，置于 10mL 容量瓶中，加入适量乙腈超声溶解后，用乙腈稀释至刻度，摇匀，制成浓度为 1mg/mL 的苏丹红 I 标准储备液。－20℃避光保存，有效期 6 个月。

② 苏丹红 I 标准中间液（1μg/mL）：精密量取苏丹红 I 标准储备液（1mg/mL）100μL，置于 100mL 容量瓶中，用乙腈稀释至刻度，摇匀，制成浓度为 1μg/mL 的苏丹红 I 标准中间液。

（4）其他材料

① 固相萃取柱：CNW Poly-sery MIP-SDR 固相萃取柱（200mg/3mL），或相当者。

② 苏丹红 I 胶体金免疫色谱试剂盒，适用基质为辣椒酱、辣椒油、辣椒粉。

③ 金标微孔。

④ 试纸条或检测卡。

2. 仪器

① 移液器：200μL、1mL 和 5mL。

② 涡旋混合器。

③ 离心机：转速≥4000r/min。

④ 电子天平：感量为 0.01g。

⑤ 氮吹仪。

⑥ 水浴锅。

⑦ 环境条件：温度 15～35℃，湿度≤80%。

四、实验步骤

1. 试样制备

取适量样品，液体样品或半固体样品充分混匀，固体样品充分粉碎混匀。

2. 试样提取

（1）辣椒酱　称取辣椒酱 2g（精确至 0.01g）于 15mL 离心管中，加入 0.5g 无水硫酸镁和 5mL 正己烷提取液，涡旋振荡 1min 后，4000r/min 离心 5min。将上清液全部加入固相萃取柱中，流出液弃去。再加入 6mL 正己烷淋洗固相萃取柱，流出液弃去。用 2mL 二氯甲烷洗脱固相萃取柱，收集洗脱液吹干。精密加入 400μL 复溶液，涡旋混合 1min，作为待测液，立即测定。

（2）辣椒油　称取辣椒油 5g（精确至 0.01g）于 15mL 离心管中，加入 8mL 正己烷进行提取，涡旋振荡 1min 后，将上清液全部加入固相萃取柱中，流出液弃去。再加入 6mL 正己烷淋洗固相萃取柱，流出液弃去。用 2mL 二氯甲烷洗脱固相萃取柱，收集洗脱液吹干。精密加入 400μL 复溶液，涡旋混合 1min，作为待测液，立即测定。

（3）辣椒粉　称取辣椒粉 3g（精确至 0.01g）于 50mL 离心管中，加入 8mL 乙腈提取，涡旋振荡 1min 后，6000r/min 离心 5min。转移上清液于 10mL 离心管中，吹干后加入 2mL 氢氧化钠溶液，涡旋混匀 30s 后置于 80℃ 水浴皂化 5min。再加入 2mL 正己烷，涡旋萃取 30s 后，6000r/min 离心 5min，转移上清液于新的 10mL 离心管中，加入无水硫酸镁 0.5g，涡旋振荡 30s 后，4000r/min 离心 5min，转移上清液于 10mL 离心管中吹干。精密加入 400μL 复溶液，涡旋混合 1min，作为待测液，立即测定。

3. 测定步骤

（1）试纸条与金标微孔测定步骤　吸取 200μL 待测液于金标微孔中，抽吸 5～10 次使混合均匀，室温温育 3～5min，将试纸条吸水海绵端垂直向下插入金标微孔中，温育 5～8min，从微孔中取出试纸条，进行结果判定。

（2）检测卡与金标微孔测定步骤　吸取 200μL 待测液于金标微孔中，抽吸 5～10 次使混合均匀，室温温育 3～5min，将金标微孔中全部溶液滴加到检测卡上的加样孔中，温育 5～8min，进行结果判定。

4. 质控试验

每批样品应同时进行空白试验和加标质控试验。

（1）空白试验　称取空白试样，按照上述（1）和（2）测定步骤与样品同法操作。

（2）加标质控试验　准确称取空白试样（精确至0.01g）置于具塞离心管中，加入一定体积的苏丹红Ⅰ标准中间液，使苏丹红Ⅰ添加浓度为10μg/kg，按照上述（1）和（2）测定步骤与样品同法操作。

5. 结果判定

通过对比控制线（C线）和检测线（T线）的颜色深浅进行结果判定。目视判定示意图见图8-1。

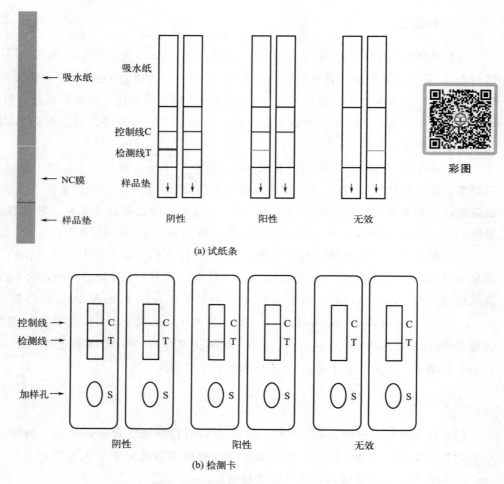

图 8-1　目视判定示意图

（1）无效　控制线（C线）不显色，表明不正确操作或试纸条/检测卡无效。

（2）阴性　检测线（T线）颜色比控制线（C线）颜色深或者检测线（T线）颜色与控

制线（C线）颜色相当，表明样品中苏丹红Ⅰ低于方法检测限，判定为阴性。

（3）阳性　检测线（T线）不显色或检测线（T线）颜色比控制线（C线）颜色浅，表明样品中苏丹红Ⅰ的含量高于方法检测限，判定为阳性。

（4）质控试验要求　空白试验测定结果应为阴性，加标质控试验测定结果应为阳性。

五、结论

当检测结果为阳性时，应对结果进行确证。

六、性能指标

（1）检测限　辣椒酱、辣椒油、辣椒粉的检测限为 $10\mu g/kg$。

（2）灵敏度　灵敏度应≥99％。

（3）特异性　特异性应≥85％。

（4）假阴性率　假阴性率应≤1％。

（5）假阳性率　假阳性率应≤15％。

注：性能指标计算方法见附录二。

七、其他

本方法所述试剂、试剂盒信息及操作步骤是为给方法使用者提供方便，在使用本方法时不做限定。方法使用者在使用替代试剂、试剂盒或操作步骤前，须对其进行考察，应满足本方法规定的各项性能指标。

实验二　水发食品中甲醛含量检测

近年来，随着人们日常生活质量和水平的不断提高，对食品质量的要求也越来越高。甲醛为国家明文规定的禁止在食品中使用的添加剂，在食品中不得检出，但不少食品中都不同程度检出了甲醛。以甲醛为原料所生产的化工材料，可以用于食品接触材料的制造，在制造过程中，甲醛单体及其低聚物会残留在这些食品接触材料中，当这些材料与食品接触之后，甲醛成分就会进一步迁移到食品中，造成污染。甲醛测定方法主要有分光光度计法以及色谱分析法，这两种测定方法的准确度都较高，但是其干扰因素也较多。

一、实验目的

1. 了解食品中甲醛含量测定的意义。
2. 掌握分光光度法测定甲醛的实验原理与操作要点,能分析测定各种食品中的甲醛含量。

二、适用范围

本方法规定了水发产品及其浸泡液中甲醛的快速检测方法。
本方法适用于银鱼、鱿鱼、牛肚、竹笋等水发产品及其浸泡液中甲醛的快速测定。

AHMT 法(比色卡法)

三、实验原理

试样中的甲醛经提取后,在碱性条件下与 4-氨基-3-联氨-5-巯基-1,2,4-三氮杂茂(AHMT)发生缩合,再被高碘酸钾氧化成 6-巯基-S-三氮杂茂 [4,3-b]-S-四氮杂苯的紫红色络合物,其颜色的深浅在一定范围内与甲醛含量成正相关,通过色阶卡进行目视比色,对试样中甲醛进行定性判定。

四、实验材料和仪器

1. 材料

除另有规定外,本方法所用试剂均为分析纯,水为 GB/T 6682 规定的二级水。

(1) 试剂

① 氢氧化钾(KOH)。

② 盐酸(HCl)。

③ 亚铁氰化钾 [$K_4Fe(CN)_6 \cdot 3H_2O$]。

④ 乙酸锌 [$Zn(CH_3COO)_2 \cdot 2H_2O$]。

⑤ 冰乙酸($C_2H_4O_2$)。

⑥ 乙二胺四乙酸二钠($C_{10}H_{14}N_2O_8Na_2 \cdot 2H_2O$)。

⑦ 高碘酸钾(KIO_4)。

⑧ 4-氨基-3-联氨-5-巯基-1,2,4-三氮杂茂($C_2H_6N_6S$,AHMT)。

⑨ 氢氧化钾溶液(5mol/L):称取 280.5g 氢氧化钾,用水溶解并定容至 1000mL,混匀。

⑩ 氢氧化钾溶液(0.2mol/L):称取 11.22g 氢氧化钾,用水溶解并定容至 1000mL,混匀。

⑪ 盐酸溶液(0.5mol/L):量取 41mL 盐酸,用水稀释并定容至 1000mL,混匀。

⑫ 亚铁氰化钾溶液（106g/L）：称取 10.6g 亚铁氰化钾，用水溶解并定容至 100mL，混匀。

⑬ 乙酸锌溶液（220g/L）：称取 22g 乙酸锌，加入 3mL 冰乙酸溶解，用水稀释并定容至 100mL，混匀。

⑭ 乙二胺四乙酸二钠溶液（100g/L）：称取 10g 乙二胺四乙酸二钠，用 5mol/L 氢氧化钾溶液溶解，并定容至 100mL，混匀。

⑮ AHMT 溶液（5g/L）：称取 0.5g 4-氨基-3-联氨-5-巯基-1,2,4-三氮杂茂，用 0.5mol/L 盐酸溶液溶解，并定容至 100mL，混匀后置于棕色瓶中，有效期 6 个月。

⑯ 高碘酸钾溶液（15g/L）：称取 1.5g 高碘酸钾，用 0.2mol/L 氢氧化钾溶液溶解，并定容至 100mL，混匀。

（2）参考物质 甲醛参考物质的中文名称、英文名称、CAS 登录号、分子式、分子量见表 8-2。

表 8-2 甲醛参考物质的中文名称、英文名称、CAS 登录号、分子式、分子量

中文名称	英文名称	CAS 登录号	分子式	分子量
甲醛	Formaldehyde	50-00-0	HCHO	30.03

（3）标准溶液的配制

① 甲醛标准储备液（100μg/mL）：安瓿瓶封装，冷藏、避光、干燥条件下保存。使用前恢复至室温，摇匀备用。安瓿瓶打开后应一次性使用完毕。

② 甲醛标准工作液（10μg/mL）：吸取甲醛标准储备液（100μg/mL）1.0mL，置于 10mL 容量瓶中，用水稀释至刻度，摇匀，临用前配制。

（4）其他材料

① 甲醛快速检测试剂盒（AHMT 法-比色卡法）：适用基质为水发产品及其浸泡液，需在阴凉、干燥、避光条件下保存。

② 滤纸：中速定性滤纸。

2. 仪器

① 移液器：200μL，1mL，5mL。

② 涡旋混合器。

③ 电子天平或手持式天平：感量为 0.01g。

④ 离心机：转速≥4000r/min。

⑤ 环境条件：温度 15～35℃，湿度≤80%。

五、实验步骤

1. 试样制备

取适量有代表性试样的可食部分或浸泡液，固体试样剪碎混匀，液体试样需充分混匀。

2. 试样提取

准确称取试样 1g（精确至 0.01g）或吸取试样 1.0mL，置于 15mL 离心管中，加水定容至 10mL，涡旋提取 1min，静置 5min，取上清液作为提取液（如上清液浑浊，加入 1mL 亚铁氰化钾溶液和 1mL 乙酸锌溶液，涡旋混匀，4000r/min 离心 5min 或滤纸过滤，取上清液或滤液作为提取液）。

3. 测定步骤

准确移取提取液 2mL 于 5mL 离心管中，加入 0.4mL 乙二胺四乙酸二钠溶液和 0.4mL AHMT 溶液，涡旋混匀后静置 10min，再加入 0.1mL 高碘酸钾溶液，涡旋混匀后静置 5min，立即与标准色阶卡目视比色，10min 内判读结果。进行平行试验，两次测定结果应一致，即显色结果无肉眼可辨识差异。

4. 质控试验

每批试样应同时进行空白试验和加标质控试验。用色阶卡和质控试验同时对检测结果进行控制。

（1）空白试验　称取空白试样 1g（精确至 0.01g）或吸取空白试样 1.0mL，按照上述步骤与试样同法操作。

（2）加标质控试验　准确称取空白试样 1g（精确至 0.01g）或吸取空白试样 1.0mL，置于 15mL 离心管中，加入 0.5mL 甲醛标准工作液（10μg/mL），使试样中甲醛含量为 5mg/kg，按照上述步骤与试样同法操作。

5. 结果判定要求

观察检测管中样液颜色，与标准色阶卡比较判读试样中甲醛的含量。颜色浅于检出限（5mg/kg）则为阴性试样；颜色接近或深于 5mg/kg 则为阳性试样。色阶卡见图 8-2。

图 8-2　甲醛标准色阶卡

6. 质控试验要求

空白试验测定结果应为阴性，质控试验测定结果应与比色卡第二点（5mg/kg）颜色一致。

六、结论

由于色阶卡目视判读存在一定误差，为尽量避免出现假阴性结果，读数时遵循就高不就低的原则。当测定结果为阳性时，应对结果进行确证。

七、性能指标

(1) 检测限　5mg/kg。
(2) 灵敏度　灵敏度应≥95％。
(3) 特异性　特异性应≥85％。
(4) 假阴性率　假阴性率应≤5％。
(5) 假阳性率　假阳性率应≤15％。
注：性能指标计算方法见附录二。

AHMT 法（分光光度法）

三、实验原理

试样中的甲醛经提取后，在碱性条件下与 4-氨基-3-联氨-5-巯基-1,2,4-三氮杂茂（AHMT）发生缩合，再被高碘酸钾氧化成 6-巯基-S-三氮杂茂［4,3-b]-S-四氮杂苯的紫红色络合物，其颜色的深浅在一定范围内与甲醛含量成正相关，用分光光度计在 550nm 处测定吸光度值，与标准系列比较定量，得到试样中甲醛的含量。

四、实验材料和仪器

1. 材料

除另有规定外，本方法所用试剂均为分析纯，水为 GB/T 6682 规定的二级水。
(1) 试剂　同上述试剂。
(2) 参考物质　同上述参考物质。
(3) 标准溶液的配制　同上述标准溶液的配制。
(4) 其他材料
① 甲醛快速检测试剂盒（AHMT 法-分光光度法）：适用基质为水发产品及其浸泡液，需在阴凉、干燥、避光条件下保存。
② 滤纸：中速定性滤纸。

2. 仪器

① 移液器：200μL，1mL，5mL。

② 涡旋混合器。

③ 电子天平或手持式天平：感量为0.01g。

④ 离心机：转速≥4000r/min。

⑤ 分光光度计或相应商品化测定仪。

⑥ 环境条件：温度15~35℃，湿度≤80%。

五、实验步骤

1. 试样制备

同上述试样制备。

2. 试样提取

同上述试样提取。

3. 测定步骤

准确移取提取液2mL置于5mL离心管中，另准确吸取10μg/mL的甲醛标准工作液0mL、0.1mL、0.2mL、0.4mL、0.6mL、0.8mL、1.0mL（相当于0μg、1μg、2μg、4μg、6μg、8μg、10μg甲醛）分别置于5mL带刻度的具塞刻度试管中，加水定容至2mL，涡旋混匀。于标准管和试样管中分别加入0.4mL乙二胺四乙酸二钠溶液和0.4mL AHMT溶液，涡旋混匀静置10min，再加入0.1mL高碘酸钾溶液，静置5min后用1cm比色杯，以零管调节零点，于波长550nm处测定吸光度，绘制标准曲线比较。同时做试剂空白。

4. 质控试验

每批试样应同时进行空白试验和加标质控试验。

（1）空白试验　称取空白试样1g（精确至0.01g）或吸取空白试样1.0mL，按照上述步骤与试样同法操作。

（2）加标质控试验　准确称取空白试样1g（精确至0.01g）或吸取空白试样1.0mL，置于15mL离心管中，加入0.5mL甲醛标准工作液（10μg/mL），使试样中甲醛含量为5mg/kg，按照上述步骤与试样同法操作。

5. 结果计算

$$X = \frac{(\rho - \rho_0) \times 1000}{m \times \frac{V_1}{V} \times 1000}$$

式中　X——试样中甲醛的含量，mg/kg 或 mg/L；

　　　ρ——由标准曲线得到的试样提取液中甲醛的含量，μg；

　　　ρ_0——由标准曲线得到的空白提取液中甲醛的含量，μg；

　　　V——试样定容体积，mL；

　　　V_1——测定用试样体积，mL；

　　　m——试样的取样量，g 或 mL；

　　1000——单位换算系数。

计算结果保留两位有效数字。

6. 结果判定

当测定结果≥5mg/kg 或 5mg/L 时，判定为阳性，阳性结果的试样需要重复检验 2 次以上。

7. 质量控制要求

空白试验测定结果应为阴性，加标质控试验测定结果回收率应≥60%。

六、结论

当测定结果为阳性时，应对结果进行确证。

七、性能指标

（1）检测限　5mg/kg 或 5mg/L。

（2）灵敏度　灵敏度应≥95%。

（3）特异性　特异性应≥85%。

（4）假阴性率　假阴性率应≤5%。

（5）假阳性率　假阳性率应≤15%。

注：性能指标计算方法见附录二。

乙酰丙酮法（分光光度法）

三、实验原理

试样中的甲醛经提取后，在沸水浴条件下与乙酰丙酮发生反应，生成黄色物质，其颜色的深浅在一定范围内与甲醛含量成正相关，用分光光度计在 413nm 处测定吸光度值，与标准系列比较定量，得到试样中甲醛的含量。

四、实验材料和仪器

1. 材料

除另有规定外，本方法所用试剂均为分析纯，水为 GB/T 6682 规定的二级水。

（1）试剂

① 无水乙酸钠（CH_3COONa）。

② 乙酰丙酮（$C_5H_8O_2$）。

③ 乙酰丙酮溶液：称取 25.0g 无水乙酸钠溶于适量水中，移入 100mL 容量瓶中，加 0.40mL 乙酰丙酮和 3.0mL 冰乙酸，加水定容至刻度，混匀，移至棕色试剂瓶中，2～8℃ 保存，有效期 1 个月。

（2）参考物质　同上述参考物质。

（3）标准溶液的配制　同上述标准溶液的配制。

（4）其他材料

① 甲醛快速检测试剂盒（乙酰丙酮法-分光光度法）：适用基质为水发产品及其浸泡液，需在阴凉、干燥、避光条件下保存。

② 滤纸：中速定性滤纸。

2. 仪器

① 移液器：200μL，1mL，5mL。

② 涡旋混合器。

③ 电子天平或手持式天平：感量为 0.01g。

④ 离心机：转速≥4000r/min。

⑤ 水浴锅。

⑥ 分光光度计或相应商品化测定仪。

⑦ 环境条件：温度 15～35℃，湿度≤80%。

五、实验步骤

1. 试样制备

同上述试样制备。

2. 试样提取

同上述试样提取。

3. 测定步骤

准确移取提取液 2mL 置于 5mL 离心管中，另准确吸取 10μg/mL 的甲醛标准工作液

0mL、0.1mL、0.2mL、0.4mL、0.6mL、0.8mL、1.0mL（相当于 0μg、1μg、2μg、4μg、6μg、8μg、10μg甲醛）分别置于5mL带刻度的具塞刻度试管中，加水定容至2mL，涡旋混匀。于标准管和试样管中分别加入0.2mL乙酰丙酮溶液，涡旋混匀后沸水浴5min，取出冷却至室温后用1cm比色杯，以零管调节零点，于波长413nm处测定吸光度，绘制标准曲线比较。同时做试剂空白。

4. 质控试验

每批试样应同时进行空白试验和加标质控试验。

（1）空白试验　称取空白试样1g（精确至0.01g）或吸取空白试样1.0mL，按照上述步骤与试样同法操作。

（2）加标质控试验　准确称取空白试样1g（精确至0.01g）或吸取空白试样1.0mL，置于15mL离心管中，加入0.5mL甲醛标准工作液（10μg/mL），使试样中甲醛含量为5mg/kg，按照上述步骤与试样同法操作。

5. 结果计算

$$X = \frac{(\rho - \rho_0) \times 1000}{m \times \frac{V_1}{V} \times 1000}$$

式中　X——试样中甲醛的含量，mg/kg 或 mg/L；

　　　ρ——由标准曲线得到的试样提取液中甲醛的含量，μg；

　　　ρ_0——由标准曲线得到的空白提取液中甲醛的含量，μg；

　　　V——试样定容体积，mL；

　　　V_1——测定用试样体积，mL；

　　　m——试样的取样量，g 或 mL；

　　1000——单位换算系数。

计算结果保留两位有效数字。

6. 结果判定

当测定结果≥5mg/kg 或 5mg/L 时，判定为阳性，阳性结果的试样需要重复检验2次以上。

7. 质量控制要求

空白试验测定结果应为阴性，加标质控试验测定结果回收率应≥60%。

六、结论

当测定结果为阳性时，应对结果进行确证。

七、性能指标

（1）检测限　5mg/kg 或 5mg/L。

（2）灵敏度　灵敏度应≥95％。

（3）特异性　特异性应≥85％。

（4）假阴性率　假阴性率应≤5％。

（5）假阳性率　假阳性率应≤15％。

注：性能指标计算方法见附录二。

八、其他

本方法所述试剂、试剂盒信息及操作步骤是为给方法使用者提供方便，在使用本方法时不作限定。方法使用者在使用替代试剂、试剂盒或操作步骤前，须对其进行考察，应满足本方法规定的各项性能指标。

实验三　水产品中孔雀石绿的快速检测

一、适用范围

本方法规定了水产品及其养殖用水中孔雀石绿和隐色孔雀石绿总量的胶体金免疫色谱快速检测方法。

本方法适用于鱼肉及养殖用水中孔雀石绿和隐色孔雀石绿总量的快速测定。

二、实验原理

样品中孔雀石绿、隐色孔雀石绿经有机试剂提取，吸附剂净化，正己烷除脂后，加入氧化剂将隐色孔雀石绿氧化成为孔雀石绿，经浓缩复溶后，孔雀石绿与胶体金标记的特异性抗体结合，抑制抗体和检测卡中检测线（T线）上抗原的结合，从而导致检测线颜色深浅的变化。通过检测线与控制线（C线）颜色深浅比较，对样品中孔雀石绿和隐色孔雀石绿总量进行定性判定。

三、实验材料和仪器

1. 材料

除另有规定外，本方法所用试剂均为分析纯，水为 GB/T 6682 规定的二级水。

（1）试剂

① 正己烷。

② 乙腈。

③ 冰乙酸。

④ 盐酸。

⑤ 吐温-20。

⑥ 氯化钠。

⑦ 对甲苯磺酸。

⑧ 无水乙酸钠。

⑨ 盐酸羟胺。

⑩ 无水硫酸钠。

⑪ 中性氧化铝：色谱用，100～200 目。

⑫ 二氯二氰基苯醌。

⑬ 氯化钾。

⑭ 磷酸二氢钾。

⑮ 十二水合磷酸氢二钠。

⑯ 饱和氯化钠溶液：称取氯化钠 200g，加水 500mL，超声使其充分溶解。

⑰ 盐酸羟胺溶液（0.25g/mL）：称取 2.5g 盐酸羟胺，用水溶解并稀释至 10mL，混匀。

⑱ 乙酸盐缓冲液：称取 4.95g 无水乙酸钠及 0.95g 对甲苯磺酸溶解于 950mL 水中，用冰乙酸调节溶液 pH 为 4.5，用水稀释至 1L，混匀。

⑲ 二氯二氰基苯醌溶液（0.001mol/L）：称取 0.0227g 二氯二氰基苯醌置于 100mL 棕色容量瓶中，用乙腈溶解并稀释至刻度，混匀。4℃避光保存。

⑳ 复溶液：称取 8.00g 氯化钠，0.20g 氯化钾，0.27g 磷酸二氢钾及 2.87g 十二水合磷酸氢二钠溶解于 900mL 水中，加入 0.5mL 吐温-20，混匀，用盐酸调节 pH 为 7.4，用水稀释至 1L，混匀。

（2）参考物质　孔雀石绿、隐色孔雀石绿参考物质的中文名称、英文名称、CAS 登录号、分子式、分子量见表 8-3，纯度均≥90%。

表 8-3　孔雀石绿、隐色孔雀石绿参考物质中文名称、英文名称、CAS 登录号、分子式、分子量

序号	中文名称	英文名称	CAS 登录号	分子式	分子量
1	孔雀石绿	Malachite Green	569-64-2	$C_{23}H_{25}ClN_2$	364.91
2	隐色孔雀石绿	Leucomalachite Green	129-73-7	$C_{23}H_{26}N_2$	330.47

注：或等同可溯源物质。

（3）标准溶液配制

① 孔雀石绿、隐色孔雀石绿标准储备液（1mg/mL）：精密称取适量孔雀石绿、隐色孔雀石绿参考物质，分别置于10mL容量瓶中，用乙腈溶解并稀释至刻度，摇匀，分别制成浓度为1mg/mL的孔雀石绿和隐色孔雀石绿标准储备液。−20℃避光保存，有效期1个月。

② 孔雀石绿标准中间液A（1μg/mL）：精密量取孔雀石绿标准储备液（1mg/mL）0.1mL，置于100mL容量瓶中，用乙腈稀释至刻度，摇匀，制成浓度为1μg/mL的孔雀石绿标准中间液A。临用新制。

③ 孔雀石绿标准中间液B（100ng/mL）：精密量取孔雀石绿标准中间液A（1μg/mL）1mL，置于10mL容量瓶中，用乙腈稀释至刻度，摇匀，制成浓度为100ng/mL的孔雀石绿标准中间液B。临用新制。

④ 隐色孔雀石绿标准中间液A（1μg/mL）：精密量取隐色孔雀石绿标准储备液（1mg/mL）0.1mL，置于100mL容量瓶中，用乙腈稀释至刻度，摇匀，制成浓度为1μg/mL的隐色孔雀石绿标准中间液A。临用新制。

⑤ 隐色孔雀石绿标准中间液B（100ng/mL）：精密量取隐色孔雀石绿标准中间液A（1μg/mL）1mL，置于10mL容量瓶中，用乙腈稀释至刻度，摇匀，制成浓度为100ng/mL的隐色孔雀石绿标准中间液B。临用新制。

（4）其他材料

① 免疫胶体金试剂盒，适用基质为水产品或水。

② 金标微孔。

③ 试纸条或检测卡。

2. 仪器

① 移液器：200μL、1mL和10mL。

② 涡旋混合器。

③ 离心机：转速≥4000r/min。

④ 电子天平：感量为0.01g。

⑤ 氮吹浓缩仪。

⑥ 环境条件：温度15～35℃，湿度≤80%。

四、实验步骤

1. 试样制备

取适量有代表性样品的可食部分或养殖用水，固体样品充分粉碎混匀，液体样品需充分混匀。

2. 试样的提取与净化

（1）水产品　准确称取试样2g（精确至0.01g）置于15mL具塞离心管中，用红色油性笔标记，依次加入 1mL 饱和氯化钠溶液、0.2mL 盐酸羟胺溶液、2mL 乙酸盐缓冲液及 6mL 乙腈，涡旋提取 2min。加入 1g 无水硫酸钠、1g 中性氧化铝，涡旋混合 1min，以 4600r/min 离心 5min。准确移取 5mL 上清液于 15mL 离心管中，加入 1mL 正己烷，充分混匀，以 4600r/min 离心 1min。准确移取 4mL 下层液于 15mL 离心管中，加入 100μL 二氯二氰基苯醌溶液，涡旋混匀，反应 1min，于 55℃ 水浴中氮气吹干。精密加入 200μL 复溶液，涡旋混合 1min，作为待测液，立即测定。

（2）养殖用水 量取试样 2mL 置于离心管中，以 4600r/min 离心 5min，移取 200μL 上清液作为待测液。

3. 测定步骤

（1）试纸条与金标微孔测定步骤 吸取全部样品待测液于金标微孔中，抽吸 5～10 次使混合均匀，室温温育 3～5min，将试纸条吸水海绵端垂直向下插入金标微孔中，温育 5～8min，从微孔中取出试纸条，进行结果判定。

（2）检测卡与金标微孔测定步骤 吸取全部样品待测液于金标微孔中，抽吸 5～10 次使混合均匀，室温温育 3～5min，将金标微孔中全部溶液滴加到检测卡上的加样孔中，温育 5～8min，进行结果判定。

4. 质控试验

每批样品应同时进行空白试验和加标质控试验。

（1）空白试验 称取空白试样，按照上述步骤与样品同法操作。

（2）加标质控试验

① 水产品 准确称取空白试样 2g 或适量（精确至 0.01g）置于 15mL 具塞离心管中，加入 100μL 或适量孔雀石绿标准中间液 B（100ng/mL），使孔雀石绿浓度为 2μg/kg，按照上述步骤与样品同法操作。

准确称取空白试样 2g 或适量（精确至 0.01g）置于 15mL 具塞离心管中，加入 100μL 或适量隐色孔雀石绿标准中间液 B（100ng/mL），使隐色孔雀石绿浓度为 2μg/kg，按照上述步骤与样品同法操作。

② 养殖用水 准确量取空白试样 2mL（精确至 0.01g）置于 15mL 具塞离心管中，加入 100μL 孔雀石绿标准中间液 B（100ng/mL），使孔雀石绿浓度为 2μg/L，按照上述步骤与样品同法操作。

5. 结果判定要求

通过对比控制线（C 线）和检测线（T 线）的颜色深浅进行结果判定。目视判定示意图见图 8-3。

（1）无效 控制线（C 线）不显色，表明不正确操作或试纸条/检测卡无效。

（2）阳性结果 检测线（T 线）不显色或检测线（T 线）颜色比控制线（C 线）颜色浅，表明样品中孔雀石绿和隐色孔雀石绿总量高于方法检测限，判定为阳性。

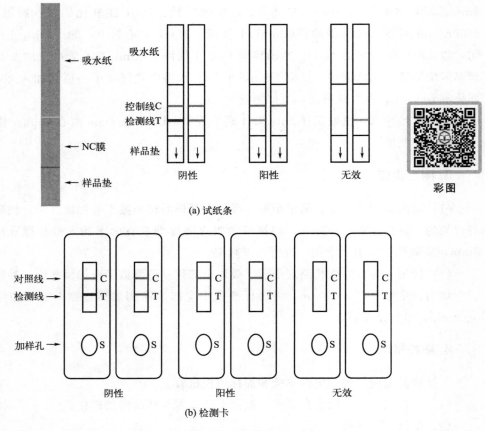

图 8-3 目视判定示意图

（3）阴性结果 检测线（T 线）颜色比控制线（C 线）颜色深或者检测线（T 线）颜色与控制线（C 线）颜色相当，表明样品中孔雀石绿和隐色孔雀石绿总量低于方法检测限，判定为阴性。

6. 质控试验要求

空白试验测定结果应为阴性，加标质控试验测定结果应均为阳性。

五、结论

孔雀石绿和隐色孔雀石绿总量以孔雀石绿计，当检测结果为阳性时，应对结果进行确证。

六、性能指标

（1）检测限 水产品 2μg/kg，养殖用水 2μg/L。

（2）灵敏度　灵敏度应≥99％。

（3）特异性　特异性应≥85％。

（4）假阴性率　假阴性率应≤1％。

（5）假阳性率　假阳性率应≤15％。

注：性能指标计算方法见附录二。

七、其他

本方法所述试剂、试剂盒信息及操作步骤是为给方法使用者提供方便，在使用本方法时不做限定。方法使用者在使用替代试剂、试剂盒或操作步骤前，须对其进行考察，应满足本方法规定的各项性能指标。

本方法使用试剂盒可能与结晶紫和隐色结晶紫存在交叉反应，当结果判定为阳性时应对结果进行确证。

实验四　液体乳中三聚氰胺的快速检测

一、适用范围

本方法规定了液体乳中三聚氰胺的胶体金免疫色谱快速检测方法。

本方法适用于巴氏杀菌乳、灭菌乳、调制乳和发酵乳中三聚氰胺的快速测定。

二、实验原理

本方法采用竞争抑制免疫色谱原理。样品中的三聚氰胺与胶体金标记的特异性抗体结合，抑制抗体和试纸条或检测卡中检测线（T线）上抗原的结合，从而导致检测线颜色深浅的变化。通过检测线与控制线（C线）颜色深浅比较，对样品中三聚氰胺进行定性判定。

三、实验材料和仪器

1. 材料

除另有规定外，本方法所用试剂均为分析纯，水为GB/T 6682规定的二级水。

（1）试剂

① 甲醇。

② 三羟甲基氨基甲烷（Tris）。

③ 1mol/L 盐酸：移取 83mL 浓盐酸，加入 900mL 水中，定容至 1L。

④ 甲醇水溶液：准确量取 50mL 甲醇和 50mL 水，混匀后备用。

⑤ 稀释液：准确称取 6.05g Tris 和 8.5g 1mol/L 盐酸，加水定容至 1L，混匀后备用。

（2）参考物质　参考物质的中文名称、英文名称、CAS 登录号、分子式、分子量见表 8-4，纯度≥99％。

表 8-4　三聚氰胺参考物质中文名称、英文名称、CAS 登录号、分子式、分子量

中文名称	英文名称	CAS 登录号	分子式	分子量
三聚氰胺	Melamine	108-78-1	$C_3H_6N_6$	126.12

注：或等同可溯源物质。

（3）标准溶液的配制

① 三聚氰胺标准储备液（1000μg/mL）：精密称取适量三聚氰胺标准品，置于 10mL 容量瓶中，用甲醇水溶液溶解并稀释至刻度，摇匀，制成浓度为 1000μg/mL 的三聚氰胺标准储备液；或可直接购三聚氰胺标准储备液。4℃避光保存备用，有效期 3 个月。

② 三聚氰胺胶体金免疫色谱试剂盒

a. 金标微孔（含胶体金标记的特异性抗体）。

b. 试纸条或检测卡。

2. 仪器

① 移液器：200μL、1000μL 和 5mL。

② 涡旋混合器。

③ 电子天平：感量为 0.01g。

④ 环境条件：温度 15～35℃，湿度≤80％。

四、实验步骤

1. 试样制备

取适量有代表性样品充分混匀。

2. 试样提取

准确称取样品 0.5g 于离心管中，加入 5mL 稀释液，涡旋混匀提取 5min，即得待测液。

注：试样提取过程可按照试剂盒说明书，不做限定。

3. 测定步骤

（1）试纸条与金标微孔测定步骤　吸取 150～200μL 样品待测液于金标微孔中，抽吸

5～10次使混合均匀，不要有气泡，40℃温育3min，将检测试纸条样品端垂直向下插入金标微孔中，40℃温育5min，从微孔中取出试纸条，进行结果判定。

（2）检测卡测定步骤　吸取150～200μL样品待测液于检测卡加样孔中，室温反应3～5min，进行结果判定。

4.质控试验

每批样品应同时进行空白试验和加标质控试验。

（1）空白试验　称取空白试样，按照上述步骤与样品同法操作。

（2）加标质控试验　准确称取空白试样100g（精确至0.01g）置于100mL玻璃溶液瓶中，加入250μL三聚氰胺标准溶液（1000μg/mL），使试样中三聚氰胺浓度为2.5mg/kg，按照上述步骤与样品同法操作。

注：可参考标准品的说明书配制操作。

5.结果判定要求

通过对比控制线（C线）和检测线（T线）的颜色深浅进行结果判定。目视结果判读如图8-4。

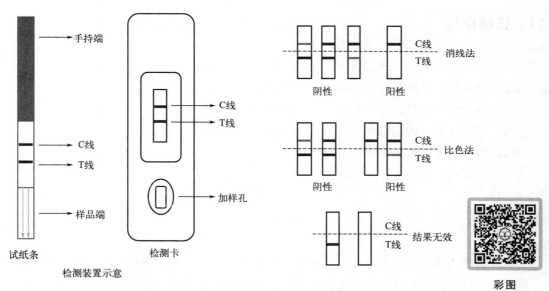

图 8-4　试纸条/检测卡目视判定示意图

（1）无效　控制线（C线）不显色，表明不正确操作或试纸条/检测卡无效。

（2）阳性结果

① 消线法　检测线（T线）不显色，控制线（C线）显色，表明样品中三聚氰胺含量高于方法检测限，判定为阳性（如图8-4）。

② 比色法　检测线（T线）颜色比控制线（C线）颜色浅或几乎不显色，表明样品中三聚氰胺含量高于方法检测限，判定为阳性（如图8-4）。

（3）阴性结果

① 消线法　检测线（T线）、控制线（C线）均显色，表明样品中三聚氰胺含量低于方法检测限，判定为阴性（如图8-4）。

② 比色法　检测线（T线）颜色比控制线（C线）颜色深或者检测线（T线）颜色与控制线（C线）颜色相当，表明样品中三聚氰胺含量低于方法检测限，判定为阴性（如图8-4）。

6. 质控试验要求

空白试验测定结果应为阴性，加标质控试验测定结果应为阳性。

7. 读数仪测定法

按读数仪说明书要求操作直接读取并进行结果判定。

五、结论

三聚氰胺与灭蝇胺有交叉反应，当检测结果为阳性时，应对三聚氰胺结果进行确证。

六、性能指标

（1）检测限　2.5mg/kg。

（2）灵敏度　灵敏度应≥99％。

（3）特异性　特异性应≥85％。

（4）假阴性率　假阴性率应≤1％。

（5）假阳性率　假阳性率应≤15％。

注：性能指标计算方法参见附录二。

七、其他

本方法所述试剂、试剂盒信息及操作步骤是为给方法使用者提供方便，在使用本方法时不做限定，可根据试剂盒说明书进行操作。方法使用者应使用经过验证的满足本方法规定的各项性能指标的试剂、试剂盒。

本方法使用试剂盒可能与灭蝇胺存在交叉反应，当结果判定为阳性时，应采用实验室仪器方法《原料乳与乳制品中三聚氰胺检测方法》（GB/T 22388—2008）对三聚氰胺结果进行确证。

实验五
动物源性食品中克伦特罗、莱克多巴胺及沙丁胺醇的快速检测

一、适用范围

本方法规定了动物肌肉组织中克伦特罗、莱克多巴胺及沙丁胺醇的胶体金免疫色谱快速检测方法。

本方法适用于猪肉、牛肉等动物肌肉组织中克伦特罗、莱克多巴胺及沙丁胺醇的快速测定。

二、实验原理

本方法采用竞争抑制免疫色谱原理。样品中克伦特罗、莱克多巴胺、沙丁胺醇与胶体金标记的特异性抗体结合，抑制抗体和检测卡中检测线（T 线）上抗原的结合，从而导致检测线颜色深浅的变化。通过检测线与控制线（C 线）颜色深浅比较，对样品中克伦特罗、莱克多巴胺、沙丁胺醇进行定性判定。

三、实验材料和仪器

1. 材料

除另有规定外，本方法所用试剂均为分析纯，水为 GB/T 6682 规定的二级水。

（1）试剂

① 甲醇：色谱纯。

② 氢氧化钠。

③ 磷酸二氢钾。

④ 磷酸氢二钠。

⑤ 盐酸。

⑥ 氯化钠。

⑦ 氯化钾。

⑧ 三氮化钠。

⑨ 乙二胺四乙酸二钠。

⑩ 三羟甲基氨基甲烷，即 Tris。

⑪ 乙酸乙酯。

⑫ 磷酸二氢钠。

⑬ 氢氧化钠溶液（1mol/L）：称取氢氧化钠 4g，用水溶解并稀释至 100mL。

⑭ 缓冲液：准确称取磷酸二氢钾 0.3g，磷酸氢二钠 1.5g，溶于约 800mL 水中，充分混匀后用盐酸或氢氧化钠溶液调节 pH 至 7.4，用水稀释至 1000mL，混匀。4℃保存，有效期三个月。

⑮ 展开液：准确称取磷酸二氢钾 2g，磷酸氢二钠 1.44g，氯化钠 8g，氯化钾 0.2g，三氯化钠 0.5g，乙二胺四乙酸二钠 1.0g 溶于约 500mL 水中，充分混匀后用水稀释至 1000mL。

⑯ Tris 缓冲液（pH 9.0，1mol/L）：称取 Tris 121.14g，溶于约 700mL 水中，充分混匀后加入盐酸调试 pH 至 9.0 后用水定容至 1000mL。

⑰ Tris 缓冲液（pH 9.0，10mmol/L）：精密量取 1mol/L Tris 缓冲液 1mL，用水稀释定容至 100mL。

⑱ 磷酸二氢钠溶液（0.2mol/L）：称取磷酸二氢钠 24.0g，用水溶解并稀释至 1000mL。

⑲ 磷酸氢二钠溶液（0.2mol/L）：称取磷酸氢二钠 28.4g，用水溶解并稀释至 1000mL。

⑳ 磷酸盐缓冲液（pH 7.4，0.2mol/L）：量取磷酸二氢钠溶液 19mL，加入 81mL 磷酸氢二钠溶液，混匀。

㉑ 磷酸盐缓冲液（pH 7.4，10mmol/L）：精密量取 0.2mol/L 磷酸盐缓冲液 50mL，用水稀释至 1000mL。

（2）参考物质　克伦特罗、莱克多巴胺、沙丁胺醇参考物质的中文名称、英文名称、CAS 登录号、分子式、分子量见表 8-5，纯度≥97%。

表 8-5　克伦特罗、莱克多巴胺、沙丁胺醇参考物质的中文名称、
英文名称、CAS 登录号、分子式、分子量

序号	中文名称	英文名称	CAS 登录号	分子式	分子量
1	克伦特罗	Clenbuterol	37148-27-9	$C_{12}H_{18}Cl_2N_2O$	277.19
2	莱克多巴胺	Ractopamine	97825-25-7	$C_{18}H_{23}NO_3$	301.38
3	沙丁胺醇	Salbutamol	18559-94-9	$C_{13}H_{21}NO_3$	239.31

注：或等同可溯源物质。

（3）标准溶液配制

① 标准储备液：精密称取适量克伦特罗、莱克多巴胺、沙丁胺醇参考物质，分别置于 100mL 容量瓶中，用甲醇溶解并稀释至刻度，摇匀，分别制成浓度为 100μg/mL 的克伦特罗、莱克多巴胺、沙丁胺醇标准储备液。−18℃保存，有效期一年。

② 克伦特罗标准中间液（1μg/mL）：精密量取克伦特罗标准储备液（100μg/mL）1mL 置于 100mL 容量瓶中，用甲醇稀释至刻度，摇匀，制成浓度为 1μg/mL 的克伦特罗标准中

间液。临用新制。

③ 克伦特罗标准工作液（20ng/mL）：精密量取克伦特罗标准中间液（1μg/mL）1mL，置于50mL容量瓶中，用甲醇稀释至刻度，摇匀，制成浓度为20ng/mL的克伦特罗标准工作液。临用新制。

④ 莱克多巴胺标准中间液（1μg/mL）：精密量取莱克多巴胺标准储备液（100μg/mL）1mL置于100mL容量瓶中，用甲醇稀释至刻度，摇匀，制成浓度为1μg/mL的莱克多巴胺标准中间液。临用新制。

⑤ 莱克多巴胺标准工作液（20ng/mL）：精密量取莱克多巴胺标准中间液（1μg/mL）1mL，置于50mL容量瓶中，用甲醇稀释至刻度，摇匀，制成浓度为20ng/mL的莱克多巴胺标准工作液。临用新制。

⑥ 沙丁胺醇胺标准中间液（1μg/mL）：精密量取沙丁胺醇标准储备液（100μg/mL）1mL置于100mL容量瓶中，用甲醇稀释至刻度，摇匀，制成浓度为1μg/mL的沙丁胺醇标准中间液。临用新制。

⑦ 沙丁胺醇标准工作液（20ng/mL）：精密量取沙丁胺醇标准中间液（1μg/mL）1mL，置于50mL容量瓶中，用甲醇稀释至刻度，摇匀，制成浓度为20ng/mL的沙丁胺醇标准工作液。临用新制。

（4）其他材料

① 克伦特罗试剂盒/检测卡（条）：含胶体金试纸条及配套的试剂。

② 莱克多巴胺试剂盒/检测卡（条）：含胶体金试纸条及配套的试剂。

③ 沙丁胺醇试剂盒/检测卡（条）：含胶体金试纸条及配套的试剂。

④ 固相萃取柱：丙烯酸系弱酸性阳离子交换柱。

2. 仪器

① 电子天平：感量为0.01g和0.0001g。

② 组织粉碎机。

③ 水浴箱。

④ 离心机：转速≥4000r/min。

⑤ 移液器：10μL，100μL，1mL，5mL。

⑥ 读数仪：产品配套可使用的检测仪器（可选）。

⑦ 固相萃取装置（可选）。

⑧ 其他产品说明书操作中需用的仪器。

⑨ 环境条件：温度10～40℃，湿度≤80%。

四、实验步骤

1. 试样制备

取适量具有代表性样品的可食部分，充分粉碎混匀。

2. 试样提取和净化

称取适量试样，按照方法一或方法二提取步骤分别对空白试样、加标质控样品、待测样进行处理。

（1）方法一（隔水煮法） 称取粉碎混匀的样品 5g（精确至 0.01g）于 50mL 离心管，置 90℃水浴中加热 20min 至离心管中可清晰看见有组织液渗透，4000r/min 离心 10min，将上清液转至另一离心管，重复离心操作一次。准确量取上清液 900μL，加入缓冲液 100μL 混匀，即得待测液。本方法推荐水浴加热，也可按照试剂盒说明书进行操作。

（2）方法二（固相萃取法） 称取粉碎混匀的样品 5g（精确至 0.01g）于 50mL 离心管，加入 10mmol/L Tris 缓冲液 5mL，剧烈振摇 5min，放置 20min，加入乙酸乙酯 10mL，剧烈振摇 1min。以 4000r/min 离心 2min，上清液待净化。连接好固相萃取装置，并在固相萃取柱上方连接 30mL 注射器针筒，将上述上清液全部倒入 30mL 针筒中，用手缓慢推压注射器活塞，控制液体流速约 1 滴/s，使注射器中液体全部流过固相萃取柱，尽可能将固相萃取柱中溶液去除干净。将固相萃取柱下方的接液管更换为洁净的离心管，向固相萃取柱中加入 0.5mL 10mmol/L 磷酸盐缓冲液。用手缓慢推压注射器活塞，控制液体流速约 1 滴/s，使固相萃取柱中的液体全部流至离心管中，即得待测液。

注：试样制备过程可按照试剂盒说明书进行操作，不做限定。

3. 测定步骤

（1）检测卡与金标微孔测定步骤 测试前，将未开封的检测卡恢复至室温。吸取 100μL 上述待测液于金标微孔中，上下抽吸 5～10 次直至微孔试剂混合均匀。室温温育 5min，将反应液全部加入检测卡的加样孔中，1min 后加入 1 滴展开液。检测卡加入样本后 10min 进行结果判定。

（2）无金标微孔时，检测卡测定步骤 测试前，将未开封的检测卡恢复至室温。吸取 100μL 上述待测液直接加入检测卡加样孔中，1min 后加入 1 滴展开液。检测卡加入样本后 10min 后进行结果判定。

（3）试纸条与金标微孔测定步骤 测试前，将未开封的试纸条恢复至室温。吸取 100μL 上述待测液于金标微孔中，上下抽吸 5～10 次直至微孔试剂混合均匀。室温温育 1min，将试纸条样品垫插入金标微孔中。室温温育 4min，从微孔中取出试纸条，去掉试纸条下端样品垫，进行结果判定。

注：测定步骤建议按照试剂盒说明书进行操作。结果判定建议使用读数仪，读数仪的具体使用参照仪器使用说明书。

4. 质控试验

每批样品应同时进行空白试验和加标质控试验。

（1）空白试验 称取空白试样，按照上述步骤与样品同法操作。

（2）加标质控试验 称取空白试样 5g（精确至 0.01g）置于 50mL 离心管中，加入适量克伦特罗标准工作液（20ng/mL），使克伦特罗浓度为0.5μg/kg，按照上述步骤与样品同法操作。

　　称取空白试样5g（精确至0.01g）置于50mL离心管中，加入适量莱克多巴胺标准工作液（20ng/mL），使莱克多巴胺浓度为0.5μg/kg，按照上述步骤与样品同法操作。

　　准确称取空白试样5g（精确至0.01g）置于50mL离心管中，加入适量沙丁胺醇标准工作液（20ng/mL），使沙丁胺醇浓度为0.5μg/kg，按照上述步骤与样品同法操作。

5. 结果判定要求

　　（1）读数仪测定结果　通过仪器对结果进行判读，如图8-5所示。

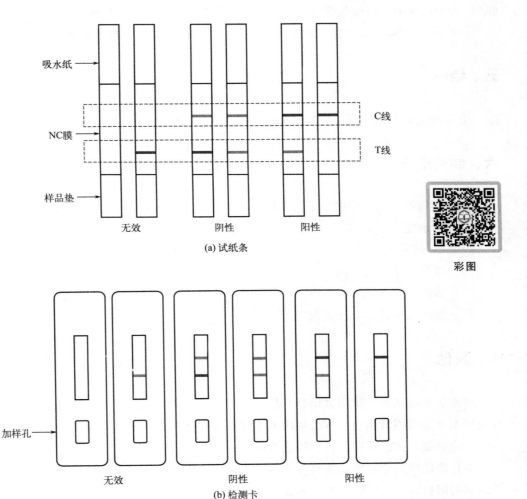

图 8-5　试纸条/检测卡目视判定示意图

　　① 无效　当控制线（C线）不显色时，无论检测线（T线）是否显色，均表示实验结果无效。

　　② 阳性结果　若检测结果显示"＋"（阳性），表示试样中含有待测组分且其含量大于

等于方法检测限。

③ 阴性结果　若检测结果显示"－"（阴性），表示试样中不含待测组分或其含量低于方法检测限。

（2）目视判定　通过对比控制线（C 线）和检测线（T 线）的颜色深浅进行结果判定。

① 无效　当控制线（C 线）不显色时，无论检测线（T 线）是否显色，均表示实验结果无效。

② 阳性结果　控制线（C 线）显色，若检测线（T 线）不出现或出现但颜色浅于控制线（C 线），表示试样中含有待测组分且其含量高于方法检测限，判为阳性。

③ 阴性结果　控制线（C 线）显色，若检测线（T 线）颜色深于或等于控制线（C 线），表示试样中不含待测组分或其含量低于方法检测限，判为阴性。

（3）质控试验要求　空白试样测定结果应为阴性，加标质控样品测定结果应为阳性。

五、结论

当检测结果为阳性时，应对结果进行确证。

六、性能指标

（1）检测限　克伦特罗、莱克多巴胺、沙丁胺醇检出限均为 0.5μg/kg。

（2）灵敏度　≥95%。

（3）特异性　≥85%。

（4）假阴性率　≤5%。

（5）假阳性率　≤15%。

注：性能指标计算方法见附录二。

七、其他

本方法所述试剂、试剂盒信息、操作步骤及结果判定要求是为给方法使用者提供方便，在使用本方法时不做限定。方法使用者在使用替代试剂、试剂盒或操作步骤前，须对其进行考察，应满足本方法规定的各项性能指标。

本方法使用克伦特罗试剂盒可能与沙丁胺醇、特布他林、西马特罗等有交叉反应，当结果判定为阳性时，应对结果进行确证。

本方法使用沙丁胺醇试剂盒可能与克伦特罗、特布他林、西马特罗等有交叉反应，当结果判定为阳性时，应对结果进行确证。

实验六　动物源性食品中喹诺酮类物质的快速检测

一、适用范围

本方法规定了动物源性食品中喹诺酮类物质的胶体金免疫色谱快速检测方法。

本方法适用于生乳、巴氏杀菌乳、灭菌乳、猪肉、猪肝、猪肾中洛美沙星、培氟沙星、氧氟沙星、诺氟沙星、达氟沙星、二氟沙星、恩诺沙星、环丙沙星、氟甲喹、噁喹酸残留的快速测定。

二、实验原理

本方法采用竞争抑制免疫色谱原理。样品中的喹诺酮类物质与胶体金标记的特异性抗体结合，抑制了抗体和检测线（T 线）上抗原的结合，从而导致检测线颜色深浅的变化，通过检测线与控制线（C 线）颜色深浅比较，对样品中喹诺酮类物质进行定性判定。

三、实验材料和仪器

1. 材料

除另有规定外，本方法所用试剂均为分析纯，水为 GB/T 6682 规定的二级水。

（1）试剂

① 乙腈。

② 甲酸。

③ 分散固相萃取剂Ⅰ：分别称取硫酸镁 18g、乙酸钠 4.5g 放于研钵中研碎。

④ 分散固相萃取剂Ⅱ：分别称取硫酸镁 27g、N-丙基乙二胺（PSA）4.5g 放于研钵中研碎。

⑤ 甲酸-乙腈溶液：98mL 乙腈中加入 2mL 甲酸，混匀。

⑥ 甲醇。

⑦ 稀释液：脱脂乳粉：水（1∶10）。

（2）参考物质　喹诺酮类参考物质的中文名称、英文名称、CAS 登录号、分子式、分子量见表 8-6，纯度≥99%。

表 8-6　喹诺酮类参考物质的中文名称、英文名称、CAS 登录号、分子式、分子量

序号	中文名称	英文名称	CAS 登录号	分子式	分子量
1	洛美沙星	Lomefloxacin	98079-51-7	$C_{17}H_{19}F_2N_3O_3$	351.35
2	培氟沙星	Pefloxacin	70458-92-3	$C_{17}H_{20}FN_3O_3$	333.36
3	氧氟沙星	Ofloxacin	82419-36-1	$C_{18}H_{20}FN_3O_4$	361.37
4	诺氟沙星	Norfloxacin	70458-96-7	$C_{16}H_{18}FN_3O_3$	319.33
5	达氟沙星	Danofloxacin	112398-08-0	$C_{19}H_{20}FN_3O_3$	357.38
6	二氟沙星	Difloxacin	5522-39-4	$C_{28}H_{33}N_3F_2$	449.58
7	恩诺沙星	Enrofloxacin	93106-60-6	$C_{19}H_{22}FN_3O_3$	359.16
8	环丙沙星	Ciprofloxacin	85721-33-1	$C_{17}H_{18}FN_3O_3$	331.13
9	氟甲喹	Flumequine	42835-25-6	$C_{14}H_{12}FNO_3$	261.25
10	噁喹酸	Oxolinic Acid	14698-29-4	$C_{13}H_{11}NO_5$	261.23

注：或等同可溯源物质。

（3）标准溶液的配制

① 喹诺酮类物质标准储备液（1mg/mL）：分别精密称取喹诺酮类参考物质适量，置于 50mL 烧杯中，加入适量甲醇超声溶解后，用甲醇转入 10mL 容量瓶中，定容至刻度，摇匀，配制成浓度为 1mg/mL 的喹诺酮标准储备液。−20℃避光保存，有效期 6 个月。

② 喹诺酮类物质标准中间液（1μg/mL）：分别吸取喹诺酮类标准储备液（1mg/mL）100μL 于 100mL 容量瓶中，用甲醇稀释至刻度，摇匀，配制成浓度为 1μg/mL 的喹诺酮类标准中间液。

（4）其他材料

① 金标微孔（含胶体金标记的特异性抗体）。

② 试剂条或检测卡。

2. 仪器

① 移液器：100μL、200μL 和 1mL。

② 涡旋混合器。

③ 离心机：转速≥4000r/min。

④ 电子天平：感量为 0.01g。

⑤ 孵育器：可调节时间、温度，控温精度±1℃。

⑥ 读数仪。

⑦ 氮吹仪。

⑧ 环境条件：温度 15～35℃，湿度≤80%（采用孵育器与读数仪时可不要求环境温度）。

四、实验步骤

1. 试样制备

液体乳直接用于测定，猪肉、猪肝、猪肾用组织捣碎机等搅碎后备用。

2. 试样提取

(1) 生乳、巴氏杀菌乳、灭菌乳　分别吸取同等体积的液体乳样品与稀释液混合后为待测液。

(2) 猪肉、猪肝、猪肾　准确称取 (2.5±0.01)g 均质后的组织样品于 15mL 离心管中，加入 5mL 甲酸-乙腈溶液，涡旋混合 1min，振荡 5min，4000r/min 离心 5min。将上清液 2mL 转入 10mL 离心管中，加入 0.6g 分散固相萃取剂 I 涡旋混合 1min，再加入 0.6g 分散固相萃取剂 II 后涡旋混合 1min，静置分层后取 1mL 于 10mL 离心管中，于氮吹仪 60℃吹干后用 1mL 样品稀释液溶解作为待测液。

3. 测定步骤

(1) 检测卡测定步骤

① 将检测卡平放入孵育器中。小心撕开检测卡的薄膜至指示线处，避免提起检测卡和海绵。

② 用移液器取待测液 300μL，避免产生泡沫和气泡。竖直缓慢地滴加至检测卡两侧任意一侧的凹槽中，将粘箔重新粘好。

③ 盖上孵育器的盖子，孵育器上的计时器自动开始计时，红灯闪烁，孵育 3min。

④ 取出检测卡，不要挤压样品槽，放于读数仪中，读数前保持样品槽一端朝下直到在读数仪上读取结果，或从孵育器上取出后直接目视法进行结果判定。

(2) 试剂条与金标微孔测定步骤　吸取 300μL 待测液于金标微孔中，抽吸 5～10 次使混合均匀，将试剂条吸水海绵端垂直向下插入金标微孔中，孵育 5～8min，从微孔中取出试剂条，进行结果判定。

注：试剂条（或检测卡）具体检测步骤可参考相应的说明书操作。

4. 质控试验

每批样品应同时进行空白试验和加标质控试验。

(1) 空白试验　称取空白试样，按照上述步骤与样品同法操作。

(2) 加标质控试验　准确称取空白试样（精确至 0.01g）置于具塞离心管中，加入一定体积的诺氟沙星标准中间液，使诺氟沙星终浓度为 6μg/kg，按照上述步骤与样品同法操作。

5. 结果判定

(1) 读数仪测定法　按读数仪说明书要求操作直接读取并进行结果判定。

（2）目视法　通过对比控制线（C线）和检测线（T线）的颜色深浅进行结果判定。目视判定示意图见图8-6。

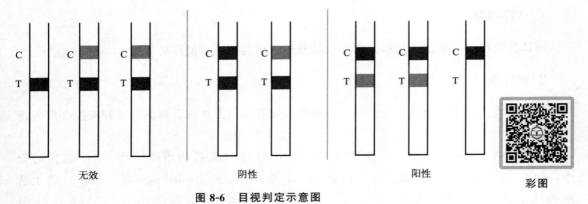

图 8-6　目视判定示意图

① 无效　控制线（C线）不显色，表明不正确操作或试剂条/检测卡无效。

② 阴性　检测线（T线）颜色比控制线（C线）颜色深或者检测线（T线）颜色与控制线（C线）颜色相当，表明样品中喹诺酮类低于方法检测限，判定为阴性。

③ 阳性　检测线（T线）不显色或检测线（T线）颜色比控制线（C线）颜色浅，表明样品中喹诺酮类的含量高于方法检测限，判定为阳性。

6.质控试验要求

空白试验测定结果应为阴性，加标质控试验测定结果应为阳性。

五、结论

当检测结果为阳性时，应对结果进行确证。

六、性能指标

（1）检测限　生乳、巴氏杀菌乳、灭菌乳、猪肉、猪肝、猪肾中洛美沙星、培氟沙星、氧氟沙星、诺氟沙星、达氟沙星、二氟沙星、恩诺沙星、环丙沙星、氟甲喹、噁喹酸为 $3\mu g/kg$。

（2）灵敏度　灵敏度应≥99%。

（3）特异性　特异性应≥95%。

（4）假阴性率　假阴性率应≤1%。

（5）假阳性率　假阳性率应≤5%。

注：性能指标计算方法见附录二。

七、其他

本方法所述试剂、试剂盒信息及操作步骤是为给方法使用者提供方便，在使用本方法时不做限定。方法使用者在使用替代试剂、试剂盒或操作步骤前，须对其进行考察，应满足本方法规定的各项性能指标。

实验七　水产品中地西泮残留的快速检测

一、适用范围

本方法规定了水产品中地西泮胶体金免疫色谱快速检测方法。
本方法适用于鱼、虾中地西泮的快速定性测定。

二、实验原理

本方法采用竞争抑制免疫色谱原理。样品中地西泮经有机试剂提取，固相萃取柱净化，浓缩复溶后，地西泮与胶体金标记的特异性抗体结合，抑制抗体和检测卡中检测线（T线）上抗原的结合，从而导致检测线颜色深浅的变化。通过检测线与控制线（C线）颜色深浅比较，对样品中地西泮进行定性判定。

三、实验材料和仪器

1. 材料

除另有规定外，本方法所用试剂均为分析纯，水为 GB/T 6682 规定的二级。
（1）试剂
① 甲醇（CH_3OH）。
② 乙腈（CH_3CN）。
③ 二水合磷酸二氢钠（$NaH_2PO_4 \cdot 2H_2O$）。
④ 十二水合磷酸氢二钠（$Na_2HPO_4 \cdot 12H_2O$）。
⑤ 氯化钠（$NaCl$）。
⑥ 合成硅酸镁吸附剂（MgO_3Si），$125 \sim 500\,\mu m$。
⑦ 石墨化碳黑吸附剂（GCB），$38 \sim 125\,\mu m$。

注：合成硅酸镁吸附剂和石墨化碳黑吸附剂，颗粒较细，谨防吸入。

（2）参考物质　地西泮参考物质的中文名称、英文名称、CAS号、分子式、分子量见表8-7，纯度≥99%。

表8-7　地西泮参考物质的中文名称、英文名称、CAS号、分子式、分子量

中文名称	英文名称	CAS号	分子式	分子量
地西泮	Diazepam	439-14-5	$C_{16}H_{13}ClN_2O$	284.74

注：或等同可溯源物质。

（3）溶液配制

① 复溶溶液：磷酸盐缓冲液（10mmol/L），称取8.0g氯化钠、2.77g十二水合磷酸氢二钠、0.352g二水合磷酸二氢钠，用水溶解并定容至1L。

② 地西泮标准储备液（100μg/mL）：精密称取地西泮参考物质10mg（精确至0.01mg），置于小烧杯中，用甲醇溶解，定量转移至100mL容量瓶中，再用甲醇定容，摇匀，配制成100μg/mL地西泮标准储备液。4℃冷藏避光保存，有效期6个月。

③ 地西泮标准中间液（1μg/mL）：精密量取地西泮标准储备液500μL加入50mL容量瓶中，用甲醇定容，摇匀，配制成1μg/mL地西泮标准中间液。4℃冷藏避光保存，有效期6个月。

④ 地西泮标准工作液（10ng/mL）：精密量取地西泮标准中间液500μL加入50mL容量瓶中，用甲醇定容，摇匀，配制成10ng/mL地西泮标准工作液，临用现配。

注：标准溶液为外部获取时，管理及使用应符合相关规定。

（4）其他材料

① 地西泮胶体金免疫色谱试剂盒：一般包含金标微孔、胶体金检测卡，适用于水产品，按产品要求保存。

② 固相萃取柱：固相萃取柱套筒（12mL体积）中塞入筛板，称取0.8g合成硅酸镁吸附剂加入柱内，使填料密实且表面水平，再塞入筛板压实，即完成固相萃取柱制备。若用于检测虾、黄鳝等含色素的样品，则填料为0.8g合成硅酸镁吸附剂、0.1～0.2g石墨化碳黑吸附剂，混合均匀加入柱内，使填料密实且表面水平，再塞入筛板压实，制成固相萃取柱。或者使用同类商品化固相萃取柱。

2. 仪器

① 电子天平：感量为0.01g和0.01mg。

注：当实验室可获得符合规定的标准溶液时，无需配备感量为0.01mg的天平。

② 离心机：转速≥4000r/min。

③ 移液器：量程为10μL、200μL、1mL、5mL。

④ 涡旋仪。

⑤ 氮吹仪。

⑥ 孵育器：可控温 20～25℃。

⑦ 胶体金读数仪（可选）。

⑧ 环境条件：温度 15～35℃，相对湿度≤80％。

四、实验步骤

1. 试样制备

水产品取可食用部分，称取约 200g 具有代表性的样品，充分均质混匀，分别装入洁净容器作为试样和留样，密封，标记。留样置于 −20℃ 保存。

2. 试样提取

准确称取试样 2g（精确至 0.01g）于 15mL 离心管中。加入 0.4mL 水、6mL 乙腈，涡旋混合 3min。加入约 0.4g 氯化钠，涡旋混合 30s。4000r/min 离心 3min，上清液备用。固相萃取柱使用前加入 3mL 乙腈，使乙腈流过并弃去以活化固相萃取柱。将离心管中上清液转移至固相萃取柱，过柱并用空气压力将柱内残留液体全部吹出，收集所有样液。样液于 40～50℃ 水浴氮气吹干，加入 300μL 复溶液，涡旋混合 30s，作为待测液。

注：可用洗耳球或其他等效装置产生空气压力。

3. 测定步骤

测试前，将未开封的金标微孔和检测卡恢复至室温。吸取 200μL 待测液置于金标微孔中，反复抽吸 4～5 次，使微孔中试剂充分混匀，于孵育器中 20～25℃ 孵育 3min。吸取 100μL 混匀液垂直滴于检测卡加样孔中，于孵育器中 20～25℃ 反应 5min，根据示意图判定结果，在 1min 内进行判读。

4. 质控试验

每批样品应同时进行空白试验和加标质控试验。空白试样应经参比方法检测且未检出地西泮。

（1）空白试验 称取同类基质空白试样，按照上述步骤与样品同法操作。

（2）加标质控试验 准确称取同类基质空白试样 2g（精确至 0.01g）置于 15mL 离心管中，加入 100μL 地西泮标准工作液，使试样中地西泮含量为 0.5μg/kg，按照上述步骤与样品同法操作。

5. 结果判定要求

采用目视法对结果进行判读，目视判定示意图如图 8-7 和图 8-8 所示。

注：也可使用胶体金读数仪判读，读数仪的具体操作与判读原则参照读数仪的使用说明书。

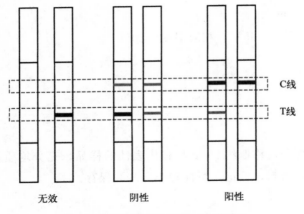

彩图

图 8-7 目视判定示意图（比色法）

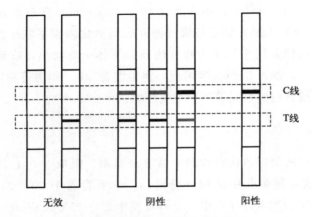

彩图

图 8-8 目视判定示意图（消线法）

（1）比色法

① 无效　控制线（C线）不显色，表明不正确操作或检测卡无效。

② 阳性结果　检测线（T线）不显色或检测线（T线）颜色比控制线（C线）颜色浅，表明样品中地西泮含量高于方法检测限，判为阳性。

③ 阴性结果　检测线（T线）颜色比控制线（C线）颜色深或者检测线（T线）颜色与控制线（C线）颜色相当，表明样品中地西泮含量低于方法检测限，判为阴性。

（2）消线法

① 无效　控制线（C线）不显色，表明不正确操作或检测卡无效。

② 阳性结果　控制线（C线）显色，检测线（T线）不显色，表明样品中地西泮含量高于方法检测限，判为阳性。

③ 阴性结果　检测线（T线）与控制线（C线）均显色，表明样品中地西泮含量低于方法检测限，判为阴性。

6. 质控试验要求

空白试验测定结果应为阴性，加标质控试验测定结果应为阳性。

五、结论

当检测结果为阳性时，采用参比方法进行确证。

六、性能指标

（1）性能指标计算方法　按照附录二执行。

（2）检出限　$0.5\mu g/kg$。

（3）灵敏度　$\geqslant 99\%$。

（4）特异性　$\geqslant 95\%$。

（5）假阴性率　$\leqslant 1\%$。

（6）假阳性率　$\leqslant 5\%$。

七、其他

本方法所述试剂、试剂盒信息、操作步骤及结果判定要求是为给方法使用者提供方便，在使用本方法时不做限定。方法使用者在使用替代试剂、试剂盒或操作步骤前，应对其进行考察，应满足本方法规定的各项性能指标。

拓展阅读：乳类卫生　保障营养安全

附　录

附录一　淀粉和糊精的定性鉴别

1. 碘溶液的配制

称取 3.6g 碘化钾溶于 20mL 水中，加入 1.3g 碘，溶解后加水稀释至 100mL。

2. 样品的处理

（1）称取 1.0g 粉碎过 20mm 孔径筛的样品，置于 20mL 具塞离心管内。

（2）加入 25mL 水后，使用涡旋振荡器使样品充分混合或溶解，4000r/min 离心 10min。

（3）量取 10mL 上清液至 20mL 具塞玻璃试管内，加入 1 滴碘溶液，使用涡旋振荡器混合几次，观察是否有淀粉或糊精与碘溶液反应后呈现的蓝色或红色。

3. 结果判定

若出现显色反应，则判定样品中含有淀粉或糊精。

附录二　定性方法性能计算表

附表　性能指标计算方法

样品情况[a]	检测结果[b]		总数
	阳性	阴性	
阳性	N11	N12	N1. ＝N11＋N12
阴性	N21	N22	N2. ＝N21＋N22
总数	N.1＝N11＋N21	N.2＝N12＋N22	N＝N1.＋N2. 或 N.1＋N.2
显著性差异（χ^2）	$\chi^2 = (|N12-N21|-1)^2/(N12+N21)$，自由度（df）＝1		
灵敏度（p^+,%）	$p^+ = N11/N1.$		
特异性（p^-,%）	$p^- = N22/N2.$		
假阴性率（p^{f-},%）	$p^{f-} = N12/N1. = 100 -$ 灵敏度		
假阳性率（p^{f+},%）	$p^{f+} = N21/N2. = 100 -$ 特异性		
相对准确度,%[c]	（N11＋N22)/(N1.＋N2.)		

注：[a]由参比方法检验得到的结果或者样品中实际的公议值结果。

[b]由待确认方法检验得到的结果。灵敏度的计算使用确认后的结果。

[c]为方法的检测结果相对准确性的结果，与一致性分析和浓度检测趋势情况综合评价。

N—任何特定单元的结果数，第一个下标指行，第二个下标指列。例如：N11 表示第一行、第一列，N1. 表示所有的第一行，N.2 表示所有的第二列；N12 表示第一行、第二列。

p^+ 表示灵敏度，阳性样品中检测阳性数占比。

p^- 表示特异性，阴性样品中检测阴性数占比。

p^{f-} 表示假阴性率，阳性样品中检测阴性数占比。

p^{f+} 表示假阳性率，阴性样品中检测阳性数占比。

参考文献

[1] 丁晓雯，李诚，李巨秀．食品分析［M］．北京：中国农业大学出版社，2016．

[2] 张水华．食品分析［M］．北京：中国轻工业出版社，2004．

[3] 侯曼玲．食品分析［M］．北京：化学工业出版社，2004．

[4] 穆华荣，于淑萍．食品分析［M］．北京：化学工业出版社，2008．

[5] 方忠祥．食品感官评定［M］．北京：中国农业出版社，2010．

[6] 沈明浩，谢主兰．食品感官评定［M］．郑州：郑州大学出版社，2011．

[7] 徐树来，王水华．食品感官与分析试验［M］．北京：化学工业出版社，2010．

[8] 张艳，雷昌贵．食品感官评定［M］．北京：中国标准出版社，2012．

[9] 郑坚强．食品感官评定［M］．北京：中国科学技术出版社，2013．

[10] 韩北忠，童华荣，杜双奎．食品感官评价［M］．北京：中国林业出版社，2016．

[11] 高向阳．现代食品分析［M］．北京：科学出版社，2014．

[12] 王永华．食品分析［M］．北京：中国轻工业出版社，2016．

[13] 杨严俊．食品分析［M］．北京：化学工业出版社，2013．

[14] 王启军．食品分析实验［M］．北京：化学工业出版社，2011．

[15] 国家粮食局（2011）．GB/T 26626—2011．中华人民共和国国家质量监督检验检疫总局；中国国家标准化管理委员会．

[16] 中华全国供销合作总社（2006）．GB/T 20574—2006．中华人民共和国国家质量监督检验检疫总局；中国国家标准化管理委员会．

[17] 中华全国供销合作总社（2018）．GB/T 8313—2018．国家市场监督管理总局；中国国家标准化管理委员会．

[18] 全国参茸产品标准化技术委员会（SAC/TC 403）（2022）．GB/T 41726—2022．国家市场监督管理总局；国家标准化管理委员会．

[19] 食品安全国家标准 食品添加剂 环己基氨基磺酸钠（又名甜蜜素）（GB 1886.37—2015）．2015-09-22 发布．

[20] 中华人民共和国科学技术部（2015）．GB/T 32263—2015．中华人民共和国国家质量监督检验检疫总局；中国国家标准化管理委员会．

[21] 高向阳．现代食品分析［M］．2 版．北京：科学出版社，2018．

[22] 张海德，胡建恩．食品分析［M］．长沙：中南大学出版社，2014．

[23] 付丽．食品分析［M］．重庆：重庆大学出版社，2014．

[24] 黄泽元．食品分析实验［M］．郑州：郑州大学出版社，2013．